Rolf Schlenker
Sven Plöger

Wie Wind unser Wetter bestimmt

Auf Wettertour mit Sven Plöger

Abbildung Einband vorne: Cumulus gepolsterte Wolken © Skyhobo

Abbildung Einband hinten: Schwergewitter Weilerwist © Gerd Bierling

Abbildung Seite 2: 52 Tage bis Timbuktu – diese alte Entfernungstafel aus der Zeit der großen Karawanen ist inzwischen zum Wahrzeichen der Wüstenstadt Zagora geworden.

Abbildung Seite 8/9: Husky-Schlittentour in Lappland/Finnland.

Abbildung Seite 36/37: Föhnwind über dem Bodensee bei Nonnenhorn mit Blick auf den Säntis.

Abbildung Seite 60/61: Die weitgehend menschenleeren Weiten Sibiriens.

Abbildung Seite 80/81: Hamburg aus der Luft – weite Teile der Stadt bestehen aus Wasser.

Abbildung Seite 98/99: Riesige Wellen am Leuchtturm von Porthcawl in Südwales, als Sturm Barney an Land traf.

Bibliografische Information der Deutschen Nationalbibliothek.
Die Deutsche Nationalbibliothek verzeichnet diese Publikation in der Deutschen Nationalbibliografie; detaillierte bibliografische Daten sind im Internet über http://www.dnb.dnb.de abrufbar.

© 2017 by Chr. Belser Gesellschaft für Verlagsgeschäfte GmbH & Co. KG, Stuttgart, für die deutschsprachige Ausgabe.

Alle Rechte vorbehalten.

Lizenziert durch SWR Media Services GmbH

Projektleitung und Redaktion: Dirk Zimmermann
Gestaltung und Produktion: Verlagsbüro Wais & Partner, Stuttgart
Druck und Binden: Print Consult, München

www.belser.de

ISBN 978-3-7630-2787-3

MIX
Papier aus verantwortungsvollen Quellen
FSC® C084279

Inhalt

6 Vorwort

8 Nordlage – kalte Grüße aus Skandinavien

10 Wind – eine gewichtige Sache
12 Nordlage: Wenn der Polarkreis zu uns kommt
24 *Infobox:* Was ist Wind?
26 Mistral – Nordlage auf Französisch
28 Das Schicksal der „Sémillante" oder: Die tödliche Seite des Mistral
32 *Infobox:* Warum dominiert bei uns der Westwind?

36 Südlage – wenn die Sahara zu uns kommt

38 Eine Reise in die Heimat des „Blutregens"
42 *Infobox:* Föhn
58 *Infobox:* Wind auf der Wetterkarte

60 Ostlage – Besuch von Mütterchen Russland

62 Was der Ostwind so alles mit sich bringt – im Guten wie im Schlechten
70 Was der Ostwind im Sommer mit sich bringt: Hochdruckwetter – mit manchmal gravierenden Folgen
74 Was der Ostwind im Winter mit sich bringt: Arktische Kälte statt Schietwetter …
78 *Infobox:* Windsysteme

80 Westlage – (leider) unsere Nr. 1

82 Wie der Westen unser Wetter bestimmt
82 Wie die „Siegreiche" Hamburg überfiel
90 Wie Sturmtief „Y" aus einer Regatta die schlimmste Katastrophe des Segelsports machte

98 Was Wind mit uns macht

100 Was Wind mit uns alles machen kann – und wir mit ihm
101 Winds of Change: Was ein „iPhone" und ein „Galerieholländer" gemein haben
104 Bernoulli – oder: Was eine Yacht mit einem Jumbo und einem Duschvorhang verbindet
108 99 Tage vor Kap Horn: Wie die „Susanna" den Horror aus Dauersturm und haushohen Brechern überlebte
114 Wie Malerplane, Paketschnur und Packband halfen, die Antarktis zu bezwingen
120 „Feuersturm": Wie im Sommer 1943 ein neuer Begriff entsteht
124 Wind und Architektur: Ja, Böenwalzen können sexy sein!
127 *Infobox:* Wirbelstürme und Tornados
132 Aufwindkraftwerke: Wie eine schwäbische Tugend eine Zukunftstechnologie torpedierte
135 Ein kurzes Nachdenken über den Begriff „Windstärke"

140 Schlusswort

Vorwort

Frage:
Was haben diese vier Fotos miteinander gemein?
Antwort: den Wind!

Es sind vier Beispiele dafür, in welch unterschiedlichen Formen Wind auftritt – draußen und in diesem Buch, das Ihnen zeigen möchte, wie wichtig „Wind" für unser Leben, ja für unsere ganze Kulturgeschichte ist: Er ist eine der mächtigsten und zugleich faszinierendsten Naturkräfte auf unserer Erde.

So dreht sich bei „Klima" und „Wetter" alles um diese bewegte Luft: Dass die heiße Äquatorluft zum Temperaturausgleich in Richtung der kalten Pole fließt, hat mit „Wind" zu tun, ebenso wie der Druckausgleich zwischen den ungezählten Hochs und Tiefs irgendwo auf unserem Planeten – „Wind" ist der zentrale Faktor für unser Wettergeschehen.

Die Richtung, aus der er kommt, entscheidet darüber, ob er Sonne, Regen, Schnee oder Sturm bringt. Oder Orkane wie Lothar, Kyrill, Klaus oder Martin. Und wussten Sie, dass Deutschland von rund 50 Tornados getroffen wird – pro Jahr!?

Auf dem Foto links sehen Sie, was passieren kann, wenn der Wind mitten im Winter einige Tage lang aus Osten weht: Er verwandelte zum Jahreswechsel 1978/79 das sonst regnerisch-milde Schleswig-Holstein in eine Schnee- und Eiswüste à la Sibirien.

Das Foto daneben kennt vermutlich jeder: Marilyn auf dem U-Bahn-Schacht. Was vielleicht nicht ganz so viele wissen: Diese Szene gab einem Windphänomen den Namen, gegen das Hochhausarchitekten und Stadtplaner bis heute ankämpfen: der „Monroe-Effekt".

Bild drei zeigt ein Beispiel, wie sich Wind vom Menschen nutzen lässt – hier allerdings ist es eine besonders zerstörerische Form: der „Feuersturm". Im Zweiten Weltkrieg griffen britische Bomberverbände deutsche Städte mit einer tödlichen Strategie an, die zum Ziel hatte, dass sich viele kleine Brände ungehindert zu einer einzigen, rasenden Feuerwalze schließen können.

Aber Foto 4? Malerplane, Packband und Paketschnur …?? Das sind die Bestandteile eines genialen Windmotors, zumindest dann, wenn sie in die Hände von Wolf Behringer gelangen. Der Sprachheilschullehrer aus dem schwäbischen Lorch erfand Anfang der Achtziger die „Parawings", die Urmutter aller Gleitschirme und Kites – das allererste Modell bastelte er aus den oben genannten Materialen zusammen. Und diese Erfindung war es, die Reinhold Messner und Arved Fuchs ihre legendäre Antarktisdurchquerung erst ermöglichte.

Vier ganz unterschiedliche Beispiele zu „Wind" – viele weitere finden Sie im Buch: Ohne Wind hätte Kolumbus Amerika nie entdeckt, ohne ihn hätten die Niederlande ihr Land nicht trocken gekriegt, ohne Wind käme kein Landregen vom Atlantik und kein schönes Sommerwetter aus Russland zu uns – aber auch keine radioaktiven Wolken.

Es ist also wichtig zu wissen, aus welcher Richtung er kommt – für Meteorologen, für Kriegsstrategen, Entdecker oder Gleitschirmbauer. Aber auch – das werden Sie noch sehen – für Autobesitzer, Oasenbauern und … ach ja: Fußballer.

Begleiten Sie uns auf einer Reise dahin, woher – bei uns – die Winde kommen, und Sie werden sehen, warum sie so sind, wie sie sind: feucht, trocken, heiß, kalt, stark oder – auch das kommt oft genug vor – es regt sich überhaupt kein Lüftchen.

„Ach, daher weht der Wind!" – Sie kennen diese Redensart. Sie meint: Da durchschaut jemand etwas, ist in der Lage, hinter die Dinge zu blicken. Eben weil er weiß, woher der Wind weht. Am Ende des Buchs werden auch Sie zu dieser Spezies gehören. Sie werden mit einem kurzen Blick auf die Wetterkarte wissen, was Sie heute, morgen oder übermorgen erwartet. Auf dem Weg ins Büro, auf einer Bergtour, auf einem Segeltörn. Kurz: Sie werden Wind und Wetter begriffen haben.

Viel Spaß beim Lesen. Und: Gute Erkenntnisse!
Sven Plöger/Rolf Schlenker
Im Juli 2017

NORDLAGE – KALTE GRÜSSE AUS SKANDINAVIEN

Wenn es im März noch mal richtig Winter wird, im Mai die Eisheiligen zuschlagen oder wir mitten im Juni wegen der Schafskälte frösteln, ist meist eine Nordlage daran schuld. Hoch- und Tiedruckgebiete sind dann in Europa so verteilt, dass kalte Luft aus Skandinavien zu uns nach Mitteleuropa geschaufelt wird.

Wind – eine gewichtige Sache

Was ist Aleksei Lowtschew schon gegen Sie, den Leser dieser Zeilen! Gut, der russische Gewichtheber stieß 2015 stramme 264 kg in den Himmel und stellte damit eine neue Weltbestleistung auf. Aber Sie? Auf Ihnen lastet – umgerechnet auf Ihre Körperoberfläche – ständig das 64-Fache dieses Rekords: 17 Tonnen, so viel wiegt die Luftsäule über Ihnen, das sind drei bis vier Elefanten … und Sie schultern das Ganze ohne das geringste Zeichen von Anstrengung! Chapeau!

Die eigentliche Botschaft dieses sinnarmen Zahlenspiels: Luft wiegt nicht „nichts"! Im Gegenteil: Jeder Liter Luft bringt rund 1,3 Gramm auf die Waage. Das heißt: Luft ist durchaus etwas Materielles und das ist auch der Grund, warum wir sie wahrnehmen können, zum Beispiel wenn die Luftteilchen auf unsere Haut treffen – als „Wind". Und wenn so ein Luftteilchen nun aus einer Ecke der Welt kommt, in der es nass und kalt ist, dann transportiert es diese Nässe und Kälte zu uns. Das war die Grundidee zu diesem Buch und zu einer ARD-Dokumentation: Wir reisen einfach dahin, wo der Wind herkommt, schauen nach, wie es dort klimatisch so ist, und wissen damit, was der Wind zu uns schaufeln wird. Auf diese Weise arbeiteten wir die vier Großwetterlagen ab, die für unser Wettergeschehen hier verantwortlich sind.

Was uns zusätzlich interessierte: Wie die Menschen, die dort leben, mit ihrem Klima umgehen. Unsere

Frühjahrsausflug, einmal in Lappland (links), einmal in Mittelbaden (rechts) – hier wird klar, was passiert, wenn wir eine Nordlage kriegen.

Gesprächspartner waren Oasenbauern aus Marokko, französische Waldbesitzer, deutsche Segler, finnische Rentierzüchter und deutsche Auswanderer nach Sibirien – ja, Sie lesen richtig: *nach* Sibirien. Kurz: Alle hatten ihre ganz eigenen, hoch spannenden Erlebnisse mit Wind und Wetter.
Eine zweite Idee kam uns an einem Ort, an dem man meist allein ist und fünf bis zehn Minuten ganz für sich hat – richtig: in einer Autowaschanlage. Die riesigen senkrechten Walzen, die sich gegenläufig drehen, schienen uns ein eingängiges Bild dafür zu sein, wie sich auch Hochs und Tiefs verhalten: Sie drehen sich als Hoch im und als Tief gegen den Uhrzeigersinn. Und an diesem Modell erklären wir in der Infobox auf Seite 32 ff., wie diese Walzen den Wind erzeugen. Das erste Beispiel dort ist die „Nordlage". Das heißt: Ein kräftiges Hoch und ein kräftiges Tief stehen so, dass ihre Walzen den Wind aus Skandinavien zu uns schaufeln.
Unsere Reise dahin fand zu einem Zeitpunkt statt, als in Südbaden gerade die Krokusse auf den

Animationsidee in der Autowaschstraße: Die Bürsten drehen sich gegenläufig – wie die Hochs und Tiefs beim Wetter.

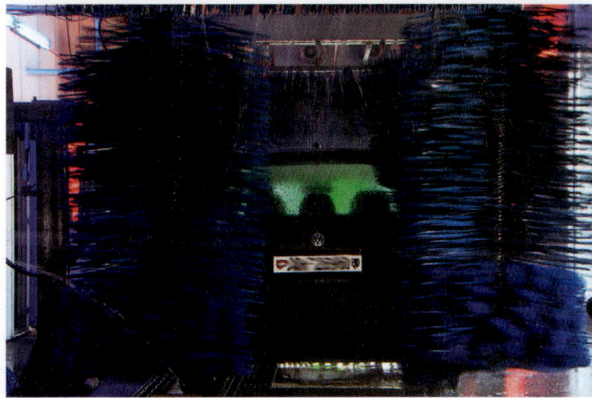

Parkwiesen sprossen: Anfang März. Was wir an unserem Ziel vorfanden, waren endlose schneebedeckte Wälder, zugefrorene Seen, Temperaturen, die morgens gerne mal bei $-30\,°C$ lagen, Menschen, die mit dem Schlitten einkaufen gehen – kurz: In Lappland begreift man schnell, was bei uns passiert, wenn wir im Frühling eine Nordlage kriegen.

Nordlage: Wenn der Polarkreis zu uns kommt

Kennen Sie den Mpemba-Effekt? Falls nicht: Allein die Umstände seiner Entdeckung sind eine Story wert. Erasto Bartholomeo Mpemba stammt aus Tansania und machte dort 1963 als 13-jähriger Schüler eine unglaubliche Beobachtung, die jeder Logik zu widersprechen scheint: Er stellte ein Gefäß mit heißem und eines mit kaltem Wasser in das Gefrierfach seines Kühlschranks und stellte eine Stunde später fest, dass das heiße Wasser gefroren war, das kalte aber noch nicht. Das kann nicht sein, sagen Sie? Dachte auch Erasto und probierte es gleich noch mal. Und ein drittes Mal. Und ein viertes – jedes Mal mit demselben Ergebnis: Heiß war schon Eis, während kalt noch flüssig war. Er teilte seine Beobachtungen seinem Lehrer mit – und seitdem kennt die Welt der Physik den Namen des Jungen von der Magamba Secondary School.

Es würde nun – wie man so schön sagt – den Rahmen dieses Buches sprengen, wenn wir erklären wollten, warum heißes Wasser schneller gefriert als kaltes. Denn: Das Ganze ist ein hochkomplexes Ineinandergreifen verschiedener Faktoren wie Veränderung der Wärmeleitfähigkeit, Verhalten von im Wasser gelöster Gase oder Verdunstung – die Wissenschaft selbst hat noch

Spielerei mit Naturkräften: Der Mpemba-Effekt funktioniert nur bei großer Kälte mit kochend heißem Wasser.

keine abschließende Erklärung. Dass es den Mpemba-Effekt gibt, das ist unbestritten.

Was der Mpemba-Effekt aus Ostafrika mit unserer Reise in die Heimat der Nordlage zu tun hat? Nun: Er ist – bei aller physikalischen Kompliziertheit – der Schlüssel zu einem kleinen, aber äußerst effektvollen Experiment, von dem man allein auf YouTube über 200 Filmchen findet. Was Sie brauchen: Ein Gefäß mit kochend heißem Wasser und große Kälte, am besten unter –10 °C. Schütten Sie das Wasser in die Luft – und staunen Sie. Das heiße Wasser gefriert sofort zu einer schillernden Eisstaubwolke, die sich majestätisch langsam zu Boden senkt – ein grandioses Spiel mit Natur. Sicher, Menschen aus Castrop-Rauxel oder Freiburg werden dazu nicht allzu oft Gelegenheit haben – wann hat man dort schon mal –10 °C und kälter? Am Zielpunkt unserer ersten Wetterreise – im nordfinnischen Hetta – hat man dieses Problem nicht. Da können Sie das kleine Experiment von November bis Ende April fast durchgängig machen – schließlich ist man über 200 Kilometer nördlich des Polarkreises. Für unsere Sendung machten wir anhand dieses Versuchs den Fernsehzuschauern eines anschaulich klar: Wenn wir eine Wetterlage haben, bei der ein Hoch über der Nordsee und ein Tief über der Ostsee steht, dann transportieren diese gegenläufigen Walzen jene eiskalte, mpembaeffektfähige Luft direkt zu uns.

So geschehen zum Beispiel im März 2013. Bundesweit purzelten da die Temperaturrekorde. So hatte es am Düsseldorfer Flughafen am 6. März noch frühsommerliche +20 °C, eine Woche später maß man dort –11,9 °C – ein Temperatursturz von satten 30 Grad. Und das war noch wenig im Vergleich zu anderen Orten: Coschen bei Eisenhüttenstadt meldete am 24. März –18,9 °C und bereits am 16. März hatte Deutschneudorf-Brüderwiese im Erzgebirge –21,3 °C aufs Thermometer gebracht. Sie sehen am Datum der Tage: Über drei lange Wochen zog sich dieser Kälteeinbruch aus dem hohen Norden hin und man fragte sich damals, ob der Winter überhaupt noch einmal aufhören würde. Mit seinen zahlreichen Mpemba-Tagen gehörte der März 2013 zu den kältesten Märzmonaten seit über 100 Jahren.

Auch im sonst milden Wales schlug dieser „Märzwinter" noch einmal erbarmungslos zu. Auf youtube.com/watch?v=hl053DSGTVo findet man spektakuläre Sequenzen, wie ein Farmer in großer Hektik seine völlig zugeschneiten Schafe aus metertiefen Schneelöchern zieht.

Zurück nach Hetta in Lappland. Kurz zur Definition: Die Polarregion beginnt mit dem Polarkreis etwa ab dem 66° Grad nördlicher Breite – das ist der Punkt, an dem die Sonne am 21. Juni einen Tag

Märzwinter im milden Wales: Farmer Gareth Wyn Jones muss seine eingeschneiten Schafe ausgraben.

Ohne Motorvorwärmung geht am nächsten Morgen nichts.

lang nicht unter- und am 21. Dezember einen Tag lang nicht aufgeht. Weiter Richtung Norden bleibt es dann immer länger hell bzw. dunkel. Weil die Sonnenstrahlen dort sehr flach einfallen, erwärmen sie den Boden nicht in gleichem Maß wie zum Beispiel am Äquator, wo sie viel steiler auftreffen. Das hat zur Konsequenz, dass es in Polargebieten deutlich länger kalt als warm ist. So sorgen in Hetta kurze Sommer mit etwa 45 Tagen und lange Winter mit bis zu 200 Tagen für eine frostige Jahresdurchschnittstemperatur von –2,2 °C. Damit wird auch klar, warum in den Wettervorhersagen nie von polarer Warm-, sondern immer nur von polarer Kaltluft die Rede ist.
Folgerichtig hatten wir dort nur zwei Tage, nachdem wir in der Lichtentaler Allee in Baden-Baden eine Krokuswiese gefilmt hatten, eine Morgentemperatur von –30 °C.

Wie kommt man eigentlich als Bewohner dieses Landstrichs mit solchen Temperaturen zurecht? Vor allem dann, wenn ein Winter von November bis Ende April/Anfang Mai dauert?

Um es kurz zu machen: überaschend gut. Man muss zwar einige Dinge beachten, zum Beispiel gibt es dort an der Stoßstange eines jeden Autos serienmäßig eine Steckdose für das Motor-Vorwärmkabel, das man abends einsteckt und morgens nicht abzuziehen vergessen sollte. Auch das längere Abkippen von Fenstern sollte man vermeiden. Dafür sieht man überall Menschen, die in ihren Vorgärten einer ganz besonderen Freizeitbeschäftigung nachgehen: Sie pressen Schnee zu Klötzen, übergießen das Ganze mit Wasser – und können sich schon am nächsten Tag als Eisbildhauer betätigen. Und auch der Iylu, den Papa mit den Kindern nebendran gebaut hat, hält da oben monatelang.

Ebenfalls ungewohnt für uns sind die vielen Menschen, die mit einem merkwürdigen Gefährt unterwegs sind: ein Schlitten mit extralangen Kufen hinten, brusthohem Haltegriff und einem Holzbänkchen davor. Damit schlittelt man/frau – hinten auf den Kufen stehend – zum Supermarkt

oder zum Kindergarten, je nachdem hat man eine Einkaufstüte oder ein Kind vor sich auf dem Bänkchen. Damit kommt man überall durch, denn: schneefreie Flächen sucht man in Lappland vergebens, selbst Straßen und Gehwege präsentieren sich in blütenreinem Weiß – die schöne Konsequenz aus dem Umstand, dass der Schnee aufgrund der trockenen Kälte nie feucht und damit grau wird.

Diese Art der Fortbewegung ist natürlich allen jüngeren, vor allem männlichen Finnen ein Graus. Sie träumen eher von Boliden mit „aggressivem Farbschema und markanter SE-Grafik", „Doppelquerlenkeraufhängung vorn", „Genesis-180-Viertaktmotor mit 998 ccm" und „Dual Shock SR 141"-Federung hinten – nein, das sind keine Motorräder,

der kleine Unterschied verrät es: Statt Reifen gibt es am „Sidewinder X-TX SE 141" die „nach außen gerichteten Antriebskettenräder für sicheren Griff des Kettenbands"…

Die Leidenschaft der Youngster sind Skidoos, die PS-starken Motorschlitten, für die es in Lappland ein ganz eigenes Wegenetz gibt, das mitten durch die endlosen Wälder und über die abertausend zugefrorenen Seen führt. Klar, auch dort gibt es Regeln und Geschwindigkeitsbegrenzungen – aber wer so weit ab vom Schuss mit über 100 km/h durch die Wildnis heizt, muss wohl kaum mit Radar- oder Alkoholkontrollen rechnen.

Überall spürt man es: Die Menschen leben gerne hier. Sie schätzen die große Weite der Landschaft, die unberührte Natur, die Stille und die saubere Luft. Und die Kälte? Gut, da gibt es Finnlands Frostschutzstrategie Nr. 1: In der Sauna aufheizen und dann in das Loch hüpfen, das in den gefrorenen See gepickelt wurde – danach kommt man aus dem Glühen fast nicht mehr heraus. Außerdem trägt man – wenn man wie unser Team den ganzen Tag draußen ist – fünf Schichten Funktionskleidung, einen winddichten Overall, Gesichtsmaske, gefütterte Polarstiefel, dicke Fäustlinge – fertig. Aber wie war das früher, als es all diese wind- und wasserdichten Thermotextilien noch nicht

So geht man in Lappland um die Ecke einkaufen.

Nordlage: Wenn der Polarkreis zu uns kommt

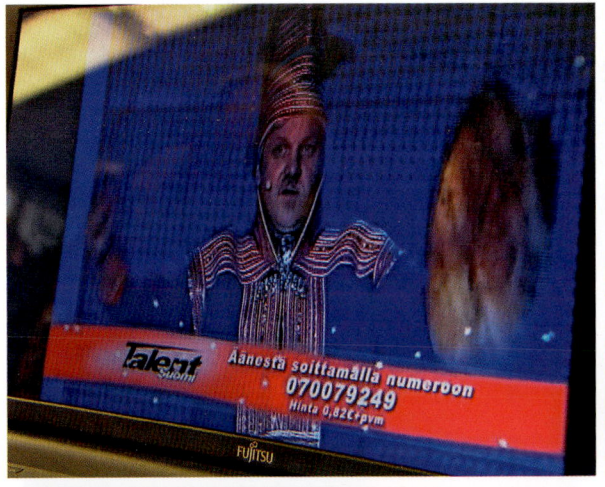

gab? Hier gab uns Silberschmied Tuomo Laakso eine kleine Einführung. Tuomo ist in Finnland ein kleiner Star, weil er es mit einem Volkslied in „Suomen Talent", dem finnischen Pendant zu „Das Supertalent", bis ins Halbfinale schaffte. Und: Er trug dabei die Nationaltracht der Samen, der Ureinwohner Lapplands – ein exotischer Farbtupfer inmitten all dem Hip-Hop- und Hardrock-Gedöns. Der Same trug also früher eine wollene, lange Unterhose, darüber eine Rentierlederhose. Aus demselben Material waren die Schuhe, in die zur Wärmedämmung Stroh hineingestopft wurde. Die merkwürdigen Schnäbel an den Schuhspitzen dienten dazu, sich in die Bindung einer Vorform des Langlaufskis einzuhängen. Auch obenrum war es kaum mehr: Ein wollenes Unterhemd, darüber zwei Lagen Stoffhemden, je nach Wohlstand unterschiedlich reich bestickt, und darüber ein dicker, wollener Poncho.

Was tat nun der Same, wenn es ihm, so gekleidet, irgendwann doch zu kalt wurde? Er ging in seine „Kota", das traditionelle zeltartig gebaute Wohnhaus der Samen. Das Zentrum des runden, mit Fellen ausgekleideten Gebäudes ist eine riesige Feuerstelle, die aber eben nicht nur behagliche Wärme abgibt, sondern auch jede Menge Qualm,

Mit samischer Folklore und Tracht ins Halbfinale einer Talentshow: Silberschmid Tuomo Laakso.

Umgangsformen mit Kälte: Nach der Sauna ins Eisloch, Schneeskulpturen im Vorgarten, ein eigenes Straßennetz für Motorschlitten.

Nordlage: Wenn der Polarkreis zu uns kommt

Können mühelos einen Schneesturm abwettern: Huskys lassen sich einfach einschneien.

der in jeden Winkel kriecht. Man hatte also die Wahl zwischen Frostbeulen und Feinstaublunge – es war ganz sicher kein einfaches Leben.

Auch die Tierwelt in Lappland hat ihre besonderen Kältestrategien entwickelt. Den Huskys zum Beispiel, die mittlerweile überall in Nordfinnland als Schlittenhunde eingesetzt werden, scheint Kälte aufgrund ihres dichten Fells überhaupt nichts auszumachen. Wenn sie in einen Schneesturm geraten, rollen sie sich zusammen und legen den buschigen Schwanz über die Schnauze. Damit atmen sie gefilterte und vorgewärmte Luft ein und lassen sich dabei zuschneien. Wenn der Sturm vorbei ist, buddeln sie sich nach oben, um wieder das zu tun, was ihr höchstes Glück ist, nämlich… aber vielleicht zuerst einen Schritt zurück.

Auch wir drehten auf einer Husky-Schlittentour. Als wir an den Startplatz kamen, fanden wir folgende Situation vor: Die Schlitten waren hinten an einem dicken Pfahl festgebunden, vorne waren je sechs Huskys eingespannt und heulten und jaulten durcheinander, dass jedem Tierfreund weh ums Herz wurde.

Doch kaum war die Halteleine losgeworfen, passierte zweierlei: Die Hunde stürmten augenblicklich los und das Gekläffe hörte in derselben Sekunde auf – kein Zweifel: Diese Hunde waren dann am glücklichsten, wenn sie laufen durften. Ein Musher, wie der Schlittenführer heißt, braucht deshalb auch keine Peitsche oder ein sonstiges Mittel zum Antreiben, im Gegenteil: Das wichtigste Steuerungsinstrument ist die Bremse, denn die begeisterte Hundemeute stürmt in jede Haarnadelkurve ohne sich auch nur eine Sekunde damit zu beschäftigen, was die Zentrifugalkraft gerade mit dem Schlitten hinter ihnen anstellt.

Ein anderes Nutztier ist noch deutlich kälteunempfindlicher. Rentiere können theoretisch Temperaturen von −80 °C abwettern – zwei biologische Systeme ermöglichen ihnen das. Da ist zum einen das Fell. Es hat gegenüber vielen anderen Tierfellen eine Besonderheit: Die dichten, verfilzt wirkenden Deckhaare sind zum größten Teil hohl. Sie enthalten also Luft, die die Auskühlung des Körpers verhindert. Aus diesem Grund findet man übrigens in manchen Rettungswesten Rentierhaare statt Kork, weil sie leichter als Kork sind und durch ihre eingeschlossenen Luftpolster einen ähnlich starken Auftrieb haben.

Das zweite Kälteabwehrsystem ist die Rentiernase. Und um gleich damit aufzuräumen: Nicht nur Rudolph, nein, jedes Rentier hat eine rote Nase. Jedes! Na ja, jedenfalls, wenn man sie durch den Sucher einer Wärmebildkamera betrachtet. Der Grund dafür: Die Rentiernasen sind überdurchschnittlich gut durchblutet. Das hilft dem Tier zum einen, durch eine dichte Schneedecke hindurch lecker Heu oder Flechten zu riechen. Zum anderen wirkt die Nase auch wie ein Wärmetauscher. Bei großer Kälte wird die Luft beim Einatmen angewärmt, beim Ausatmen wird der Luft die Wärme wiederum entzogen, um sie im Körper zu halten – ein geniales Prinzip.

Interessant ist auch, dass beim Rentier die Einteilung in Nutz- bzw. Wildtier nicht so einfach funktioniert. Die riesigen Rentierrudel, die völlig frei durch die weiten nordischen Wälder ziehen, haben meistens einen Besitzer – man sieht das an einer kleinen Kerbe am Ohr, die jeder Eigner an einer anderen Stelle einritzt.

So ein Rentierherdenbesitzer ist auch Tuomas. Weit draußen in der Wildnis, in Näkkälä nahe der norwegischen Grenze, lebt der Same mit seiner Familie in einem Holzhaus. Ein paar seiner Rentiere sind auf einer großen Wiese an Baumstämmen festgemacht: „Trainingslager", meint er. Die Tiere werden fit gemacht, um später Touristenschlitten zu ziehen – eine von Tuomas' Einnahmequellen. Die zweite ist Fell, Geweih und Fleisch. Seine Tiere sind irgendwo da draußen, zweimal im Jahr sieht er sie. Einmal zu Mittsommer – zur Markierung der neugeborenen Kälber – und einmal im Herbst – zur Aussortierung der Schlachttiere – werden die Herden zusammengetrieben. Das ist jeweils eine generalstabsmäßig durchgeplante Aktion, bei der alle Züchter aus der Gegend sich zusammentun und per Helikopter, Pferd, Geländemotorrad oder Skidoo alle Tiere in einen großen Pferch scheuchen.

Interessant ist auch Tuomas' Antwort auf die Frage, wie viele Rentiere er besitzt: „Grummel…"

Unendliche Weiten bei nur 1,8 Einwohnern pro Quadratkilometer: Wer die Einsamkeit sucht, ist in Lappland bestens aufgehoben.

Wie bitte? „Grummel…" Und irgendwann begreifen wir, dass die Samen wohl die Schwaben Finnlands sind. Über das, was man besitzt, spricht man nicht. Man hat es, das muss reichen. Nur so viel kriegen wir dann raus: Es müssen viele Hundert sein, sonst lohnt sich das ganze Geschäft nicht.

Bei einem anderen Thema ist Tuomas gesprächiger. Beim Kaffee in seiner Küche berichtet er, wie er den Klimawandel spürt. „Die Winter beginnen jetzt später", sagt er, früher hätte es meist schon im Oktober geschneit, jetzt kommt der erste Schnee oft erst im November. Außerdem sei es wärmer geworden, deutlich wärmer. Kalte Tage mit unter −40 °C gibt es überhaupt nicht mehr, sagt er, und auch die Tage unter −30 °C seien auffällig selten geworden.

Nun könnte man einwerfen, dass es eigentlich egal ist, ob man sich bei minus 40 oder minus 30 Grad die Ohren abfriert, doch so einfach ist das nicht. Denn Tuomas sagt ja etwas anderes, nämlich dass die kältesten Tage mittlerweile um etwa 10 Grad wärmer sind als noch vor einigen Jahrzehnten. Sicher, das ist keine wissenschaftlich fundierte Messreihe, sondern eine persönliche Beobachtung, aber sie zeigt einen Trend, den auch die Wissenschaft sieht: Die Arktisgebiete sind vom Klimawandel besonders stark betroffen, viel stärker als etwa Regionen in Mitteleuropa. Diese Entwicklung können Sie selbst nachvollziehen, wenn Sie einen Blick in dieses NASA-Video werfen: youtube.com/watch?v=Vj1G9gqhkYA.

Am Ende des kurzen Clips, wenn die September der Jahre 1984 und 2016 gegenübergestellt werden, sieht man am deutlichsten, wie dramatisch die Fläche des Nordpolareises abgenommen hat.

Der Hintergrund: Einfallende Sonnenstrahlen werden, wenn sie auf Eis treffen, reflektiert – sie und ihre enthaltene Energie werden also stante pede ins All zurückgeschickt. Treffen sie aber auf Wasser, tauchen sie ein und erwärmen es – die Energie bzw. Wärme bleibt im System.

Kältechampion dank Fell und Nase: Rentiere können Temperaturen bis −80 °C aushalten.

Das heißt: Die Arktis ist gleich doppelt von der Erwärmung betroffen: Zum einen nahmen in den vergangenen Jahren im Zuge der globalen Erwärmung die Außentemperaturen zu, die Eisfläche wurde dadurch mehr und mehr angenagt. Da nun die Eisfläche ständig ab- und damit die Wasserfläche ständig zunahm, blieb auch immer mehr Sonnenenergie im System, ein zusätzlicher Wärmefaktor. Das ist der Grund, warum in der Arktis die Sprünge so groß sind – sie ist deutlich fragiler als ihr Gegenüber, die Antarktis.

Man sieht der Landschaft um Hetta diese Entwicklung überhaupt nicht an, im Gegenteil: Sie wirkt wie ein Wintermärchen. Und wird deshalb für Wintersportler immer interessanter, die es satt haben, immer mit bangem Blick auf die Wetter-Apps zu schauen, ob es in den Alpen noch rechtzeitig vor dem Urlaub zu schneien beginnt. Dazu kommt noch ein zweites – im wahrsten Sinne des Wortes – Highlight: das Polarlicht, auch eine Art „Wind" – und ganz sicher das schönste. In den klaren Polarnächten wird der sternenübersäte Himmel von dünnen, nebelartigen Schwaden durchzogen, die plötzlich ein intensives Grün oder Rot annehmen und zu tanzen beginnen – ein unfassbar beeindruckendes Spektakel.

Dabei ist das, was man am Firmament sieht, nichts anderes als – wenn man das jetzt mal ein bisschen martialischer ausdrücken will – ein Überlebenskampf unserer Erde gegen ein pausenloses Bombardement durch „Sonnenwind". Das sind Elektronen und Protonen, die aus Sonneneruptionen stammen, durch das All jagen, nach drei Tagen die Erde erreichen und dort – aufgrund ihrer Strahlungsstärke – jegliches Leben unmöglich machen würden, wäre da nicht der Abwehrriegel aus Atmosphäre und Magnetfeld. Und so bringen diese energiestrotzenden Teilchen eben dort oben den Stick- und Sauerstoff zum Glühen – wunderschön.

Diese spektakuläre Himmelserscheinung war auch der Grund, weshalb unser Guide und Übersetzer, der Ex-Karlsruher Thomas Kast, in Nordfinnland hängen blieb. Er fotografiert seit vielen

Nordlage: Wenn der Polarkreis zu uns kommt

Jahren Polarlicht und veranstaltet mittlerweile Gruppenexkursionen. Obwohl er fast eine Viertel Million Polarlichtfotos gemacht hat, möchte er – so beschreibt er es – jedes Mal aufs Neue in die Knie sinken, so sehr berührt ihn dieses gewaltige Naturphänomen. Gut, manchmal vermisst er im März die Krokusse seiner Heimat, dafür braucht er aber die Nordlage nicht zu fürchten, die hat er schließlich jeden Tag.

Was wir in Deutschland bei einer Nordlage kriegen, unterscheidet sich übrigens fundamental von dem, was zum Beispiel den Südfranzosen bei einer solchen Situation blüht. Die kriegen richtig Wind – und was für einen!

Auch Polarlicht ist eine Art Wind: Sonnenwind.

Migrationsgrund Polarlicht: Der Karlsruher Thomas Kast blieb in Finnland und fotografierte das Himmelsspektakel mittlerweile einige Hunderttausend Mal.

Was ist Wind?

Die Sonnenstrahlen treffen am Äquator senkrecht und am Pol schräg auf.

„Der Wind, der Wind, das himmlische Kind." Wer kennt diesen Satz aus dem Märchen „Hänsel und Gretel" nicht? Ein Zitat, das man oft verwendet, wenn man auf die Frage, wer etwas Bestimmtes getan hat, keine konkrete Antwort geben will. Beim Zitat dieses Satzes fällt mir auf, wie unglaublich viele Redewendungen es in der deutschen Sprache gibt, die mit Wind zu tun haben: „Viel Wind um etwas machen"; „Von etwas Wind bekommen"; „Jemandem den Wind aus den Segeln nehmen"; „Durch den Wind sein"; „Eine Warnung in den Wind schlagen" oder sich „wie das Fähnchen im Wind drehen". Wind ist also etwas, das uns nicht nur im engen Sinne meteorologisch, sondern auch sprachlich und damit kulturell in großer Vielfalt begegnet und begleitet.

In diesem Buch geht es natürlich um die wetterkundliche Bedeutung von Wind und die Frage, was Wind ist, lässt sich sehr kurz beantworten: Wind ist schlicht und einfach Luft, die sich bewegt. Aber warum tut sie das? Sie könnte doch einfach auch ganz entspannt an Ort und Stelle bleiben. Und genau hier geht es los mit der Physik. Wind ist nämlich eine Folge der Temperaturunterschiede und die wiederum entstehen durch die Sonneneinstrahlung. Deren Intensität hängt natürlich davon ab, ob Tag oder Nacht ist, auf welchem Breitengrad man sich befindet – und damit die Sonne steiler oder flacher am Himmel steht – und auch davon, welcher Untergrund erwärmt wird. Ist es Wasser (langsame Erwärmung) oder Land (schnelle Erwärmung), ist die Bodenfarbe dunkel (starke Erwärmung) oder hell (schwächere Erwärmung)? Plötzlich liegen unterschiedlich erwärmte Luftmassen direkt nebeneinander und nun kommt die **Thermodynamik** ins Spiel. Warme Luft dehnt sich nämlich aus und braucht mehr Platz als kalte Luft. Die Dichte

warmer Luft nimmt also ab, sie wird leichter. Und wenn etwas leichter wird, übt es weniger Druck auf den darunterliegenden Boden aus. Verkürzt: Die Temperaturunterschiede verändern den Luftdruck.
Viel Luft, also quasi ein „Luftberg", oder kalte, schwere Luft üben viel Druck aus und wir haben es mit einem **Hoch** zu tun. Wenig Luft, also ein „Lufttal", oder warme, leichte Luft bewirken ein **Tief**. Und genau hier greift der untrügliche Gerechtigkeitssinn der Natur: Sie möchte Unterschiede stets ausgleichen und befördert die Luft somit immer von dort, wo der Überschuss produziert wurde, dorthin, wo Luft „fehlt". Luft strömt deshalb grundsätzlich vom Hoch zum Tief – sie ist also geradezu dazu verdonnert, sich ständig zu bewegen, und wir sind dieser mal nur schwachen, manchmal aber auch nahezu nicht mehr zu bändigenden Luftströmung immer ausgesetzt. Wind gibt es nur dort nicht, wo es keine Atmosphäre gibt, also zum Beispiel auf dem Mond.
Einen kleinen Haken gibt es aber noch bei der Windrichtung. Die Erde ist eine sich drehende Kugel und deshalb entsteht eine Scheinkraft, die sogenannte Corioliskraft, die ausführlich im Begleitbuch zu Staffel 1 von „Wo unser Wetter entsteht" beschrieben wird. Sie sorgt dafür, dass Luftmassen, die sich bewegen, auf der Nordhalbkugel immer nach rechts und auf der Südhalbkugel immer nach links abgelenkt werden. Die Luft dreht sich somit auf der Nordhalbkugel im Uhrzeigersinn um die Hochs und gegen den Uhrzeigersinn um die Tiefs – auf der Südhalbkugel ist es natürlich genau umgekehrt.

Die in der Höhe nach Norden strömende Luft wird durch die Corioliskraft immer weiter nach rechts abgelenkt, d.h. sie weht jetzt aus West.

Warme Luft dehnt sich aus, wird leichter und steigt danach auf – um dann zu den Polen zu fließen.

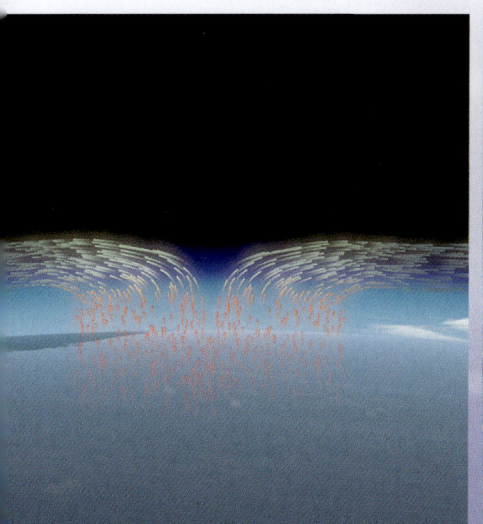

Mistral – Nordlage auf Französisch

Überall auf der Welt wenden sich an den Küsten die Bäume wegen des ständigen Seewinds in Richtung Landesinnere. Überall auf der Welt? Nein. In einem schmalen Landstrich im Süden Frankreichs neigen sich die Bäume dem Meer zu … Okay, das klingt stark nach Asterix, ist aber Realität – zumindest in der Provence. Denn dort stehen die sogenannten „Windflüchter", also die Bäume, deren Stamm, Äste, Zweige vom Dauerwind in eine Richtung gedrückt werden, genau anders herum – sie neigen sich dem Meer zu. Der Grund: Hier ist der Taktgeber nicht der Seewind, sondern der Mistral. Auch er verdankt seine Entstehung einer Nordlage. In diesem Fall liegt das Hoch weit draußen vor der Atlantikküste, über dem Golf von Biskaya, das Tief dagegen befindet sich über Italien. Die beiden Walzen schaufeln damit kühle Luft aus Richtung der Britischen Inseln gen Süden.

Und nun passiert Folgendes: Die Luft, die, aus Norden kommend, das Rhonetal hinunterweht, stößt auf zwei gewaltige Hindernisse: das Massif Central auf der einen und die Alpen auf der anderen Seite des Tals. Durch diese beiden Höhenzüge werden die Luftmassen zusammengepresst und dadurch derart beschleunigt, dass sie auf der anderen Seite der Engstelle wie aus einem Kanonenrohr geschossen über die Küste auf das Meer

Der Klügere gibt nach: „Windflüchter" passen sich den Windverhältnissen an.

hinausjagen und den Golfe du Lion, der sich von der spanischen Grenze bis Toulon wölbt, zu einem der tückischsten Seereviere des Erdballs machen. Dreieinhalb Tage dauert ein Mistralausbruch im Schnitt, seine Böen können Orkanstärke erreichen – und alles bei stahlblauem Himmel und schönstem Sonnenschein. Viele verfluchen den Mistral – die Bauern, die nicht auf ihre Felder und die Winzer, die nicht in die Weinberge können, die Seefahrer, die gegen die ungeheuren Böen machtlos sind.

Immer wieder fordert der Mistral Todesopfer, wenn LKWs oder Campingbusse von der Straße gefegt werden, wenn Yachten kentern oder wenn Surfer wegen des ablandigen Winds es nicht mehr zurück an den Strand schaffen.
Ein Mistral-Unfall jedoch steht dabei über allen anderen und beschäftigt die Franzosen bis heute: Nichts verkörpert die Urgewalt des Mistral so nachdrücklich wie der Untergang der „Sémillante", der „vor Leben Sprühenden".

Wie der Mistral die Provence beutelt, erklärt Sven Plöger in Arles anhand von zwei Baguettehälften: Vom Massif Central (links) und den Alpen (rechts) zusammengepresst, schießt der Nordwind durchs Rhonetal.

Das Schicksal der „Sémillante" oder: Die tödliche Seite des Mistral

Wir schreiben den 14. Februar 1855. Seit elf Monaten ist Frankreich in den Krimkrieg verstrickt, in dem mehrere europäische Mächte versuchen, die Expansion Russlands am Bosporus und auf dem Balkan zu begrenzen.

Im Kriegshafen von Toulon liegt der Dreimaster „Sémillante" mit 293 Mann Besatzung, an Bord warten 393 Soldaten und mehrere Laderäume voller Waffen und Munition auf ihren Transport an den Kriegsschauplatz im Schwarzen Meer. An Sizilien und dem Peloponnes vorbei durch die Dardanellen soll das riesige Segelschiff sie bis zur Krim bringen – ein 3000 km langer Trip über das winterliche Mittelmeer liegt vor den Männern.

Die Front braucht dringend Nachschub, deshalb drängt der Generalstab darauf, dass die „Sémillante" so schnell wie möglich ablegt. Doch Kapitän Jugnan wehrt sich. Die Wetterprognosen sind schlecht, Nordsturm ist angesagt, Mistral. Aber seine Bedenken werden vom Tisch gewischt, er wird zum sofortigen Auslaufen gezwungen.

Das Problem, das sich draußen für Jugnan stellt: Der Mistral, der mittlerweile Orkanstärke erreicht hat, dreht auf dem Meer in Richtung Nordost. Würde das Schiff die kürzeste Route nehmen, westlich an Sardinien vorbei, würde der Sturm die „Sémillante" unweigerlich auf die sardische Westküste drücken – „Legerwall" nennen die Seefahrer diese brandgefährliche Situation, wenn man es nicht mehr schafft, sein Schiff von der Küste fern zu halten.

Um dies zu verhindern, beschließt Jugnan, zwischen Korsika und Sardinien hindurchzusegeln.

Wenn das Mittelmeer zur Hölle wird: Die „Sémillante" im Mistral.

Eine Katastrophe ohne einen Überlebenden: Auf diesem Friedhof auf den Lavezzi-Inseln liegen nur die Opfer der „Sémillante".

Das hatte den Vorteil, dass der scharfe Nordwind von hinten kommt und er so auf die andere, sichere Seite Sardiniens trifft – aber auch das ist nicht mehr als eine Entscheidung zwischen Pest und Cholera. Denn in der Meerenge zwischen den beiden Inseln, in der „Straße von Bonifacio", passiert dasselbe wie im Rhonetal zwischen den beiden Gebirgszügen: Die Luft wird erneut zusammengepresst und beschleunigt – „Düseneffekt" heißt dieses Phänomen. Und so nimmt das Schicksal seinen Lauf. Der nochmals verstärkte Sturm treibt die „Sémillante" vor sich her durch die Meerenge, sie surft geradezu auf den immer höher werdenden, von hinten anrollenden Wellen und der Segler wird auf unglaubliche 12 Knoten Geschwindigkeit beschleunigt – die „Semillante" ist in der Falle, umkehren ist jetzt nicht unmöglich. Möglicherweise bricht in dieser rasenden Fahrt das Ruder, sodass das Schiff jetzt nur noch ein Spielball der sturmgepeitschten Wellen ist. Mitten in der Nacht zum 16. Februar, gegen 2 Uhr, wird die unkontrollierbare „Sémillante" gegen die Felsen der kleinen Insel Lavezzi, unweit des korsischen Bonifacio geschleudert. Die Wucht ist so groß, dass nicht nur kein einziger diese Katastrophe überlebt, nein, die Männer werden in dieser Hölle aus Orkan, meterhohen Wellen und messerscharfen Klippen so fürchterlich zugerichtet, dass später nur ein Leichnam identifiziert werden kann: der von Kapitän Jugnan und auch nur deshalb, weil er an einer Verformung eines Fußes litt.

Mit fast 100 km/h übers Wasser: Rekordwindsurfer Antoine Albeau.

Der Untergang der „Sémillante" war die größte Katastrophe der französischen Marine im Mittelmeer. Auch für das Selbstbewusstsein war es ein Schock: Ein Kriegsschiff der Grande Nation, besiegt nicht von einem hochgerüsteten Gegner, sondern von den bloßen Kräften der Natur – das musste erst mal in den Generalstabsköpfen verarbeitet werden.

Für die Toten der „Sémillante" – nur die Leichen von 592 der fast 700 Männer konnten geborgen werden – errichtete die Heeresführung eine Gedenkstätte auf Lavezzi, der Insel, die trotz des italienischen Namens zu Frankreich gehört. Eine Granitpyramide und ein großer Friedhof für die Opfer erinnern an die Katastrophe und jedes Jahr findet am Unglückstag eine Gedenkfeier statt.

Der Wind, der zum Schicksal der „Sémillante" wurde, ist auch heute noch unter Seefahrern gefürchtet. Zu Recht. Trotz besserer Wetterberichte und sicherer Häfen hat der Mistral nichts von seiner Gefährlichkeit verloren. Eine Yachtseglerin, die sich mit ihrer Crew nach einer Mistralwarnung in eine Bucht an der Westküste Korsikas geflüchtet hatte und nun auf das Eintreffen des Sturms wartete, erlebte die Situation so: „Es war unheimlich, alles war still. Aber dann war da plötzlich ein Geräusch zu hören, als wenn, weit weg, bei einem Düsenflugzeug die Triebwerke hochfahren würden ... immer näher kam das Geräusch, es wurde immer lauter ... und dann war er mit unheimlichen Getöse da."

Einen guten Eindruck, was der Mistral mit dem Meer macht, vermitteln die Youtube-Clips der beiden Italiener Mirko Occhipinti und Fabio Muntoni (youtube.com/watch?v=jpR5EG3-CZY und youtube.com/watch?v=as1uvcHsltA)

Vor diesem Hintergrund kann man es kaum glauben, aber es gibt sie: Menschen, die den Mistral lieben. Zum Beispiel Antoine Albeau. Am 5. März 2008 nutzte er den Mistral, um einen neuen Geschwindigkeitsrekord im Windsurfen aufzustellen. Mit 49,04 Knoten oder 90 km/h jagte er über den „Canal", einen 1300 Meter langen, 40 Meter breiten und gerade mal 1,70 Meter tiefen künstlichen Wasserarm am Strand von Les Saintes Maries de la Mer. Und nur dafür hatten ihn die Windenthusiasten gebaut: um die Rekorde purzeln zu lassen. Mittlerweile ist die Surferszene aber weitergezogen zu einem Ort, der in Sachen Wind nochmals eine Schippe drauflegen kann: Lüderitz in Namibia, dem früheren Deutsch-Südwestafrika. Und diese Hafenstadt hat es in sich. Auf der einen Seite rollt das vom Benguelastrom auf +10–16 °C heruntergekühlte Atlantikwasser an, auf der anderen Seite grenzt die Stadt an die Namibwüste, die mit ihren Tagestemperaturen von rund +50 °C zu den unwirtlichsten Orten des Planeten gehört – aber wie schon in der Provence: Surfer ticken da anders. Für sie sind Orte, an denen solche Temperaturextreme aufeinanderprallen und stärkste Winde verursachen, Paradiese.

So sieht das auch Antoine Albeau, denn im November 2015 verbesserte er seinen in Saintes Maries aufgestellten Rekord nochmals auf 53, 27 Knoten, das sind etwas über 98 km/h … Gratulation.

Das neue Speedmekka der Surfer: In Lüderitz prallen kühles Meer und heiße Wüste aufeinander.

Warum dominiert bei uns der Westwind?

Die drei Zellen von unten nach oben: Hadley-, Ferrel- und polare Zelle. In der mittleren Zelle leben wir Mitteleuropäer.

Im ersten Teil unserer Wetterdokumentation „Wo unser Wetter entsteht" und somit auch im Begleitbuch ging es ausführlich darum, wie die allgemeine atmosphärische Zirkulation überhaupt funktioniert. Zur Erinnerung: Die stark erwärmte Luft am Äquator steigt auf und strömt in der Höhe nach Norden – und natürlich auch nach Süden. Weil wir aber auf der Nordhalbkugel leben, betrachten wir im weiteren Verlauf hier immer nur unsere Nordhemisphäre. Wegen der Corioliskraft sinkt die Luft auf etwa 30 Grad nördlicher Breite wieder ab, was dort zum subtropischen Hochruckgürtel führt, zu dem beispielsweise das Azorenhoch gehört. Am Boden strömt sie dann – Stichwort Nordostpassat – zurück zum Äquator. Diese in sich geschlossene Strömungszelle nennt man Hadley-Zelle. Sie ist eine von drei Zellen pro Halbkugel. Die zweite Zelle, ausgehend vom Nordpol, ist die „polare Zelle" und für unser Wetter- und Windgeschehen wichtig ist die Zelle dazwischen. Sie heißt Ferrel-Zelle und fügt sich wie ein Zahnrad (siehe Abbildung) in die Strömungsmuster der beiden anderen Zellen ein.

Bei uns will die Luft am Boden folglich im Mittel von Süd nach Nord strömen und in der Höhe genau umgekehrt. Nun kommt der für uns in Mitteleuropa wichtige Gedanke: Wenn die Luft am Boden von Süd nach Nord strömen will, dann wird sie durch die Corioliskraft stets nach rechts (also nach Osten) abgelenkt. Kurzum: Ein Südwind wird durch die Kraft der Erddrehung bei uns zu einem dominanten Westwind. Deshalb leben wir in der sogenannten Westwindzone und die Tiefs und auch die Hochs kommen überwiegend von Westen her zu uns. Sie bringen Luft vom Atlantik, die häufig feucht ist. Wir erinnern uns: Ein Wind wird immer danach benannt, wo er herkommt. Bei einem Westwind kommt die Luft

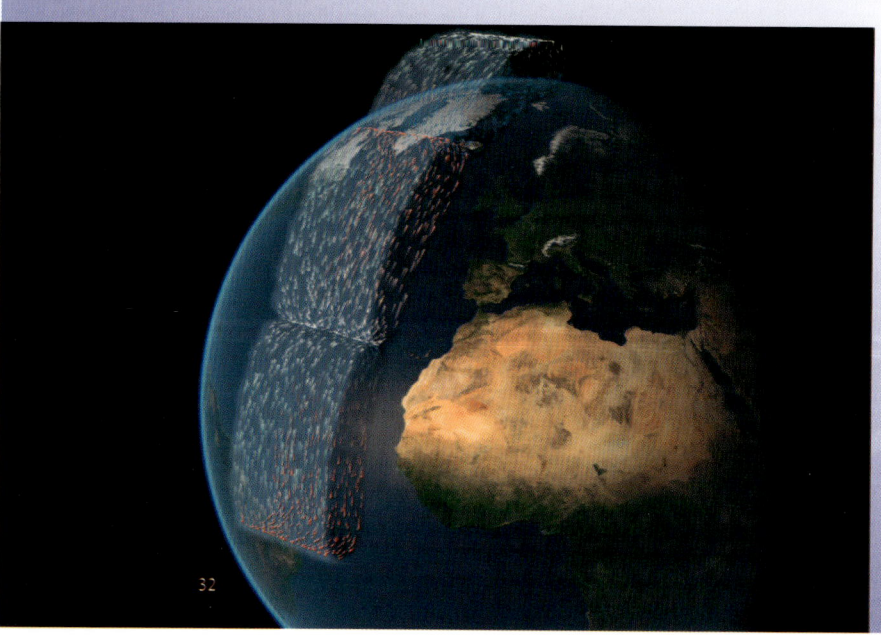

aus Westen und strömt nach Osten. Entsprechend kommt ein Nordwind von Norden, ein Bergwind vom Berg und ein Seewind weht von der See her. Je nach Windrichtung erreicht uns nun mal feuchte, mal trockene, mal warme und mal kalte Luft. Der Wind ist also der Lieferant für unser unterschiedliches Wetter.

Doch warum weht der Wind bei uns nicht *immer* aus Westen, sondern nur *meistens*? Das liegt am Unterschied zwischen der mittleren Strömung, die durch die Ferrel-Zelle bestimmt wird, und dem überlagerten, täglich schwankenden Wettergeschehen. Denn immer wieder ziehen ja neue, sich drehende Druckgebiete über uns hinweg. Und je nachdem, auf welcher Seite vom wandernden Tief oder Hoch man sich gerade befindet, ist die Windrichtung immer eine andere. Das aber heißt auch, dass man ganz einfach aus der Kombination eines Tiefs und eines Hochs eine West-, aber auch Nord-, Ost- oder Südlage konstruieren kann.

Ein großer Moment für unsere Dokumentation war der, als mein Co-Autor Rolf Schlenker mit seinem Auto durch eine Waschanlage fuhr. An sich kein so ungewöhnlicher Vorgang. Aber als er sinnierend im Wagen saß, fiel ihm auf, dass sich die Walzen, die sein Fahrzeug reinigten, unterschiedlich drehten. Eine im und eine entgegen dem Uhrzeigersinn. Kaum war er raus aus der Waschstraße, erhielt ich einen Anruf und die Idee war geboren, die Hochs und Tiefs durch die Walzen in einer Waschstraße darzustellen und so die Wetterlagen zu veranschaulichen.

Starten wir also mit der bei uns dominierenden **Westlage**. Sie entsteht, wenn ein Tief über den Britischen Inseln liegt und das Azorenhoch einen Ableger nach Spanien und in den Süden Frankreichs schickt. Das Tief dreht sich links herum und das Hoch rechts herum und wenn man sich das mal kurz

Hier ein Hoch, da noch eines und dort noch ein drittes – die Wetterwirklichkeit ist chaotischer als in der Theorie.

Warum dominiert bei uns der Westwind?

aufzeichnet, sieht man sofort, dass die Luft bei uns dann von Westen kommen muss (siehe Abbildung). Jetzt verschieben wir unsere Walzen der Autowaschanlage mal ein bisschen. Etwa das Tief von den Britischen Inseln weiter Richtung Ostsee und wir lassen die Briten dafür jetzt mal in den Genuss eines Hochs kommen. Wieder: Hoch rechts herum, Tief links herum und entstanden ist eine **Nordlage**. Die Bahn ist also frei für kalte Luft aus Skandinavien. Im Sommer hält uns das übertriebene Hitze fern, im Winter kommen von dort die berühmten „winterlichen Kaltlufteinbrüche", oft verbunden mit Schnee oder Schneeregen durch die Feuchtigkeit von Nord- und Ostsee. Nun können wir alles genauso weiter schieben. Das Tief rutscht jetzt nach Südosteuropa und das Hoch seinerseits nun weiter Richtung Ostsee. Gleicher Gedanke – Hochs rechts herum und Tief links herum und wir haben eine **Ostlage** erzeugt. Trockene, nicht schwüle Kontinentalluft setzt sich nun durch. Sie bringt im Sommer angenehm warmes Wetter. Im Winter ist es oft wolkenlos, wenn kein Hochnebel im Schlepptau ist. Wenn es dann auch nachts klar bleibt, ist das der Garant für die eisigsten Nächte des Jahres. Letzte Verschiebung: das Tief etwa über der Biskaya und dafür das Hoch in den Südosten Europas. Klar, die **Südlage** ist fertig! Warme Luft kommt nun zu uns. Manchmal angereichert mit Saharastaub, manchmal mit viel

Westlage

Nordlage

Warum dominiert bei uns der Westwind?

Nordostlage

Feuchtigkeit vom Mittelmeer und häufig verbunden mit dem Föhn. Denn die Alpen stellen für die Luftmassen eine hohe Barriere dar.

Mit diesen Positionen haben wir flugs alle vier Grundwindrichtungen erzeugt und können daraus natürlich alle anderen Windrichtungen kombinieren. Zum Beispiel eine **Nordostwetterlage**, durch die im Winter 1978/1979 große Teile Deutschlands unter hohen Schneemassen begraben wurden und die Bilder aus dem Land eher eiszeitlich anmuteten. Damals lag ein Hoch über Südnorwegen und ein kräftiges Tief wanderte von Tschechien langsam nach Rumänien. Der Wind kam also aus Nordosten und trieb eisige russische Winterluft ins Land, die die zuvor noch sehr milde Luft verdrängte. So betrug die Tageshöchsttemperatur in Berlin am Silvestertag 1978 –17 °C und die in Rosenheim +15 °C – eine Differenz von 32 Grad Celsius! Diese scharfe Luftmassengrenze hatte schwerste Folgen, vor allem für den Norden von DDR und Bundesrepublik. Mehr dazu finden Sie im Kapitel „Was der Ostwind im Winter mit sich bringt: Arktische Kälte statt Schietwetter …"

Ostlage   Südlage

Warum dominiert bei uns der Westwind?   35

SÜDLAGE – WENN DIE SAHARA ZU UNS KOMMT

Obwohl es uns Mitteleuropäer im Urlaub immer wieder gen Süden zieht, ist das, was der Südwind mit sich bringt, nicht immer eitel Sonnenschein oder Terrassenwetter: Der Föhn steht allgemein im Verdacht, Kopfschmerzen zu verursachen und die Selbstmordraten nach oben zu treiben. Und wenn es der Saharastaub bis zu uns schafft, kriegen vor allem die Autofahrer gerne einen dicken Hals.

Eine Reise in die Heimat des „Blutregens"

In Europa gibt es viele Winde, die so regelmäßig auftreten, dass sie eigene Namen haben: Den „Mistral" haben Sie schon im vorigen Kapitel kennen gelernt, die Italiener haben ihren „Tramontana", die Korsen den „Libeccio", die Kroaten die „Bora" und die Deutschen und ihre südlichen Nachbarn haben den „Föhn".

Der Föhn ist der mit Abstand bekannteste Wind in Deutschland. Und zugleich der verrufenste. „Hexenwind" nennen ihn die Bewohner der Alpenregion und machen ihn so ziemlich für alles Schlechte verantwortlich: für erhöhte Lawinengefahr, Kopfschmerzen, Kreislaufstörungen, Herzbeschwerden, Depressionen und – natürlich – für schlechte Leistungen. So machte zum Beispiel Franz Beckenbauer den Föhn zum Schuldigen, als sich seine Bayern am 30. September 2000 zuhause mit 0:1 gegen Hansa Rostock blamierten. Der Kaiser in seinem unendlichen Ratschluss warf damit ein Schlaglicht auf die zwei zentralen Wesenszüge des Föhns: erstens, sein Auftreten – der Föhn ist nicht etwa nur eine Sache des Frühjahrs, er kann immer wehen, also auch Ende September; und zweitens – die Wirkung auf Gesundheit und Psyche, die man ihm zuschreibt. Beckenbauers Spielanalyse macht dabei präzise klar, dass man es beim Föhn mit einem ganz erstaunlichen medizinischen Phänomen zu tun hat: Er lähmt selektiv nur elf Spieler der einen Mannschaft, während die andere Elf völlig unbeschwert aufspielen und

Sven Plöger erklärt Deutschlands bekanntesten Wind, den Südföhn.

siegen kann – der Föhn muss Hansa-Rostock-Fan sein, anders lässt sich diese Erscheinung nicht erklären.

Ähnliche Gedanken haben wohl auch den Mediziner Jürgen Kleinschmidt bewegt, als er sich in den 1980er-Jahren entschloss, in einen engagierten Feldversuch einzusteigen. Die Uni München wollte wissen, was wirklich dran ist am angeblich krankmachenden Föhn, und befragte in einer Föhnfühligkeitsstudie 1000 wetterfühlige Testpersonen. Ein Dreivierteljahr lang mussten sie jeden Tag einen Fragebogen zu ihrer Befindlichkeit ausfüllen. Das erstaunliche Ergebnis: „Es gab keine zwei Personen, die synchron am selben Tag sagten, es gehe ihnen schlechter als sonst", berichtet Prof. Kleinschmidt. Auch die einzelnen Testpersonen selbst reagierten ganz unterschiedlich auf gleiche Wettersituationen.

Dass ein Föhneinbruch bei den Menschen automatisch und gleich reihenweise Depressionen, Kreis-

Optische Täuschung: Bei Föhn scheint München am Fuß der Alpen zu liegen.

laufbeschwerden oder Kopfschmerzen auslöst, das wurde damit schon mal in den Bereich der üblen Nachrede gerückt. Das Fazit der Wissenschaftler damals: Wie gut oder schlecht Menschen mit Wetterumschwüngen zurechtkämen, sei eine Sache des Trainings, aber auch der momentanen Fitness. So hätten zum Beispiel Probanden, die draußen arbeiteten, fast nie Probleme gehabt, Menschen mit zu wenig Schlaf, Stress, gesundheitlichen Problemen oder ein paar Bierchen zu viel am Vorabend dagegen schon.

Alles Märchen also? Nicht ganz. Denn eine weitere, ebenso mystische Eigenschaft des Föhns ist mittlerweile klar durch die Wissenschaft bestätigt: Er ist einer der Verursacher des „Blutregens". Was es mit diesem schaurigen Begriff auf sich hat, sieht man sehr schön, wenn man bei Google die Begriffe „Hörndlwand" und „Föhn" eingibt und auf „Bilder"

Rotbraune Wolken über den Alpen – Was giftig aussieht ist 100% Natur: Saharastaub.

klickt. Dann erscheint ein ungewöhnliches Foto: Es zeigt am 21. Februar 2004 das Gipfelkreuz dieses markanten Felszahns bei Ruhpolding im Föhnsturm – und darüber wölbt sich ein beunruhigend rotbrauner Himmel: Emissionen eines Industriekombinats? Smogwolke? Gar Giftgas? Nichts von alledem. Sondern 100% Natur.

Besonders ungut in Erinnerung dürfte dieses Phänomen all jenen Menschen sein, die noch am Vortag ihr Auto zum Waschen gebracht hatten und nun morgens mit zorngeschwellten Halsschlagadern vor einer Karosse standen, die mit dicken, getrockneten Schlammtropfen übersät war. Mehrmals jährlich schlägt er so zu, der „Blutregen", wie man ihn wegen seiner rötlichen Farbe früher nannte. Inzwischen kennen die meisten den Hintergrund der schmutzigen Niederschläge: Es ist Staub aus der Sahara.

Bei bestimmten Wetterkonstellationen – Sandsturm im Saharagürtel und ein stabiler Südwind in höheren Luftschichten – wird der in die Luft gewirbelte Staub über Tausende Kilometer weit zu uns getragen. In den Mittelmeerländern ist es der „Schirokko", der den Staub bringt. Besonders unangenehm an diesem Wind: Die heiße, trockene

Saharaluft saugt sich auf dem Weg übers Meer wie ein Schwamm mit Wasser voll – deshalb ist der „Schirokko" meist ein Schlechtwetterwind, er bringt Regen, oft Sturm, meist mit Schmutzbeilage.

Und wenn die Windverhältnisse anders sind? Dann kommen andere in den Genuss der braungelben Wolken: Die vor der Westküste Afrikas gelegenen Kanaren etwa stöhnen immer wieder über „Kalima", eine Wetterlage, die die Gluthitze der Sahara inklusive Sandstaub bringt: Einwohner und Touristen stöhnen dann unter einer heißen Dunstglocke voller Feinstaub. Viele wissenschaftliche Untersuchungen zu diesem Thema haben ergeben, dass der Saharastaub auch in Nordamerika und in der Karibik niedergeht. Und in Südamerika, wo er über die Jahrhunderte eine ganz erstaunliche Funktion eingenommen hat: Die

Südwindlagen transportieren den Staub über mehrere Tausend Kilometer zu uns – vor allem zum Ärger von Besitzern frischgewaschener Autos.

Ungute Wetterlage im Mittelmeer: Beim Schirokko saugt sich die trockene Luft mit Wasser voll.

Föhn

Die Luft hat es nicht immer leicht. Da möchte sie ungestört von A nach B strömen und schon trifft sie auf ein Hindernis. Folge: Sie muss drum herum oder, wenn es irgendwo eine Lücke gibt, zwischendurch oder eben drüber weg. Und um diesen letzten Fall „drüber weg", geht es in diesem Kapitel. Sobald es nämlich irgendwo einen längeren Gebirgszug gibt, der nicht wie ein einzelner Berg einfach umströmt werden kann, wird die Luft auf der windzugewandten Seite des Gebirges (Luvseite) angehoben und muss auf der windabgewandten Seite (Leeseite) wieder absinken.

Aber in dem Moment, in dem es solche Vertikalbewegungen gibt, wird es in der Meteorologie immer etwas kompliziert. Denn sobald die Luft aufsteigt, beginnt sie sich automatisch auch abzukühlen. Und eine kühlere Luftmasse hat ein Problem: Sie kann nicht so viel Wasserdampf aufnehmen wie eine wärmere. Das hat zur Folge, dass sie irgendwann mit Wasserdampf (einem unsichtbaren Gas) gesättigt ist. Muss sie nun aber weiter hinauf, dann kondensiert der Wasserdampf zu winzigen Tröpfchen. Eine Wolke wird sichtbar – entstanden aus einer durch den Berg erzwungenen Hebung der Luft. Ankommende feuchte Luft zeichnet sich auf der Luvseite darum häufig durch dicke Wolken aus, die Regen mitbringen. Das sind die berühmten Stauniederschläge, die wir in den Alpen, teilweise aber auch in den Mittelgebirgen kennen.

Der Südföhn in Phasen aufgelöst: Die Luft, die an den Gebirgszug stößt, muss aufsteigen.

Dabei kühlt sie ab, der Wasserdampf kondensiert …

Betrachtet man etwa den Klimaatlas des Deutschen Wetterdienstes, so ist in Regionen mit bevorzugter Windrichtung klar auszumachen, dass die vom Wind angeströmte Luvseite im Mittel viel nasser ist als die Leeseite. Auf der Leeseite muss die Luft nämlich herunter und es tritt der genau umgekehrte Fall ein: Die Luft erwärmt sich und weil sie damit wieder mehr Wasserdampf aufnehmen kann, verdunsten die Wolken auf dieser Seite schnell – es ist im Mittel trockener.

So weit der allgemeine Effekt, der für alle Gebirgszüge gilt. Unser bekanntestes Gebirge sind sicherlich die Alpen und dort bekam dieser Wind den Namen Föhn, ausgehend vom lateinischen *favonius*, was so viel wie „lauer Westwind" bedeutet. Diese Bezeichnung gelangte dann ins Althochdeutsche und hieß *phonno* und von dort war der Weg zu „Föhn" nicht mehr weit. In anderen Gebirgslandschaften gibt es für den gleichen Effekt auch andere Bezeichnungen, wie zum Beispiel Chinook in den Rocky Mountains, den Santa-Ana-Wind in Kalifornien oder den Canterbury Northwester in Neuseeland. Den Föhneffekt kennt man übrigens auch in Mecklenburg-Vorpommern. Aber das natürlich nicht, weil dort hohe Berge stehen, sondern weil der Effekt von den norwegischen Bergen bis hierher reichen kann!

Zwei Fragen müssen noch geklärt werden: Warum ist es auf der Leeseite viel wärmer als auf der Luvseite und warum ist der

… und führt zu Steigungsregen.　　　　Danach erwärmt sich die jetzt trockene Luft und stürzt zu Tal.

Föhn　43

Bei Föhn erscheinen die Alpen zu Greifen nah, wie hier in Ebersberg im Voralpenland.

Föhn oft ein Sturm? Schauen wir zunächst auf die Temperaturen: Wenn Luft, die nicht mit Wasserdampf gesättigt ist, aufsteigt, dann kühlt sie sich mit ca. 1 °C pro 100 Höhenmetern ab. Befindet man sich aber in einer Wolke, dann ist dieser Wert durch die sogenannte Kondensationswärme deutlich niedriger, eine gute Annahme ist ein Wert von 0,5 °C pro 100 Meter. Bei absinkender Luft gelten jeweils die gleichen Werte, nur mit umgekehrtem Vorzeichen. Und jetzt kommt der Kniff. Weil die Luft auf der Luvseite durch den Regen einen Großteil ihrer Feuchte verliert, lösen sich die Wolken direkt hinter dem Gebirgskamm auf und so steigt die Lufttemperatur im Lee stärker, als sie im Luv abgesunken ist. Ein Beispiel: Nehmen wir an, dass ein 2500 Meter hohes Gebirge überströmt werden muss und auf der Luvseite die Wolkendecke in 500 Metern über Grund beginnt. Dann kühlt sich die Luft bis zu dieser Höhe um 5 °C ab, danach für 2000 Meter um 0,5 °C pro 100 Meter, also um 10 °C. Zusammen ergibt das 15 °C Temperaturabnahme bis zum Gipfel. Auf der wolkenlosen Leeseite aber geht es durchweg um 1 °C pro 100 Meter rauf, also ein Anstieg um 25 °C vom Gipfel bis zum Grund. Wir gewinnen durch das Überströmen und den Fallwind also „einfach so" 10 °C. Haben wir auf der Luvseite am Boden zum Beispiel 15 °C, dann werden es im Föhntal auf der Leeseite 25 °C sein. Der klassische Föhn weht übrigens von Süd nach Nord. Sind die Bedingungen umgekehrt, dann passiert natürlich das Gleiche und man spricht vom Nordföhn. Dann freut man sich zum Beispiel am Lago Maggiore schon mal im Februar über 22 °C und Sonnenschein, während es auf den Nordseite der Alpen fleißig vor sich hinschneit.

Und warum ist der Föhn so stürmisch? Wenn Luft durch eine Engstelle strömen muss, dann wird sie beschleunigt, denn nur so kommt ja die gleiche Luftmenge in der gleichen Zeit am Ziel an. So etwas passiert gerne in Straßenzügen oder an großen Bauwerken – wer kennt nicht den ständigen Wind auf der Kölner Domplatte? Seglern ist der Effekt an mancher Landzunge oder zwischen Inseln bekannt. Der Physiker spricht von „Windgeschwindigkeitszunahme gegenüber der ungestörten Strömung durch eine Einengung des Strömungsquerschnitts, hervorgerufen durch die damit verbundene Drängung der Stromlinien". Auf den Föhn angewandt, heißt dies: Über den Gipfel saust ohnehin schon viel Luft und nun kommt noch eine Menge Luft von unten dazu, die ja nun mal nicht durch den Berg hindurch kann. Oben am Gipfel treffen beide Strömungen zusammen und so entsteht dort eine Engstelle mit ganz viel Luft. Dem Düsen-

effekt folgend wird sie nun flott auf Sturmstärke beschleunigt. Hinter dem Berg stürzt sie dann ins Tal, um den dort entstandenen Unterdruck auszugleichen – es stürmt!

Wer es noch etwas genauer wissen will: Betrachtet man die Stromlinien im Lee, so stellt man fest, dass sich die Luftströmung hinter dem Gebirge in Form einer (stehenden) Welle ausbreitet. Die Luft „rutscht" also nicht einfach nur den Berg runter, sondern gerät in eine Schwingung. Runter, rauf, runter, rauf und so weiter. Und dieses Strömungsmuster liefert eine Erklärung, wieso sich bei Föhn manchmal die sogenannten Föhnfische oder Föhnschiffchen, also Wolken, die aussehen wie Linsen, bilden. In der Meteorologie nennt man eine solche Wolke Altocumulus lenticularis oder verkürzt Lenti (Plural: Lentis). Sie entstehen immer genau im Wellenberg. Denn der ist der höchste und damit kälteste Punkt. Dort kann die Luft am wenigsten Wasserdampf aufnehmen und ist am ehesten gesättigt. Deshalb kondensiert dieser genau hier oft zu einer Wolke. Trotz des starken Windes bleibt die Lenti übrigens scheinbar stehen. Das täuscht allerdings, denn in Wirklichkeit löst sich die Wolke im absteigenden Ast ständig auf und wird im aufsteigenden immer wieder neu produziert.

Ach so, noch ein Letztes: Vielleicht haben Sie auch schon mal Föhn erlebt, ohne dass es auf der anderen Seite der Berge geregnet hat. Das funktioniert auch. In diesem Fall wurde in die Luft über dem Gebirgskamm trockenere Luft aus höheren Schichten hineingemischt, was ihren Feuchtegehalt senkte. „Mission impossible" gilt also nicht bei Föhn…

Staubimporte sind ein Mineraldünger für die empfindlichen, nährstoffarmen Böden am Amazonas und mittlerweile überlebenswichtig für das sensible Ökosystem Regenwald geworden: 40 Millionen Tonnen des nährstoffreichen Staubs erreichen jedes Jahr allein das Amazonasbecken, insgesamt 500 Millionen Tonnen Staub werden in der Sahara Jahr für Jahr produziert.

Kurz zur Begriffsklärung: Was da bei uns oder bei den Nord- und Südamerikanern ankommt, ist Staub, nicht Sand. Ab einer gewissen Korngröße fallen die Sandteile selbst beim stärksten Wüstensturm aufgrund ihres Gewichts gleich wieder zu Boden, nur der leichte Staub wird nach oben gerissen und kann in die hohen Luftschichten geraten, die ihn weitertransportieren.

Wer wissen möchte, wohin der Saharastaub gerade geweht wird, für den hat die ZAMG, die österreichische Zentralanstalt für Meteorologie und Geodynamik, ein reizvolles Tool ins Netz gestellt. Auf einer Karte (www.zamg.ac.at/cms/de/umwelt/luftqualitaetsvorhersagen/schadstofftransport/?imgtype=0) kann man sich anschauen, welche Richtungen die Staubwolken in den kommenden 72 Stunden nehmen werden – vielleicht sollten all jene einen Blick drauf werfen, die vor-haben, ihr Auto in die Waschanlage zu bringen. Die Sahara ist mit 9 Mio. Quadratkilometern die größte Wüste auf der Erde. Uns hat diese Welt aus Sand und Wind vom ersten Recherchetag an fasziniert, vor allem deshalb, weil dort rund 5 Millionen Menschen leben – Nomaden, Halbnomaden oder Oasenbauern. Wir wollten wissen, wie diese Menschen dort mit dieser lebensfeindlichen Natur zurechtkommen, um besser zu verstehen, was der Südwind zu uns bringt.

Unsere Marokkoreise startete in Essaouira – in jedem Reiseführer als „die Hauptstadt des Windes" bezeichnet. Dort trafen wir Fayhcel, einen jungen Surflehrer, der gerade eine Kitesurfschule aufgemacht hatte. Das Erste, was auffällt, wenn man – wie wir – im Frühsommer am Strand von Essaouira steht: Das Wasser in der Bucht ist voller Menschen, aber alle sind auf dem Wasser, keiner im Wasser. „Der Wind ist einfach zu stark dafür", sagt Fayhcel, „gegen elf Uhr hat er eine Stärke von fünf bis sechs Beaufort erreicht, da ist Schwimmen kein Spaß mehr: Der Wind bläst einem dauernd Gischt ins Gesicht und wenn man aus dem Wasser kommt, kühlt man schon auf dem Weg zum Handtuch völlig aus." Deshalb trägt jeder der zahlreichen Wind- oder Kitesurfer einen wärmenden Neoprenanzug.

Der zweite Eindruck: Diese Bucht ist nichts für Anfänger. Die Kitesurfer rasen mit atemberaubenden Geschwindigkeiten übers Wasser, sie nutzen die Wellen für Sprünge, die sie 10 bis 15 Meter

*Lebt vom Wind:
Kitesurflehrer Fayhcel.*

hoch in die Luft katapultieren – fünf bis sechs Beaufort Windstärke, „das ist das normale Wetter hier", meint Fayhcel. „Normales" Wetter, das heißt: Es weht der Passat, ein in diesem Breitengürtel sehr konstanter Wind aus Nordost. Und eben das unterscheidet ihn von den Winden in unseren Breiten, die, je nach Lage der Hochs und Tiefs, mal aus Norden, mal aus Süden, mal aus Westen oder Osten kommen.

Warum aber ist der Passat so viel konstanter? Da die Sonne senkrecht über dem Äquator steht und stets mit gleicher Intensität einstrahlt, gibt es dort keine Jahreszeiten und auch keine unterschiedlichen Tag- und Nachtlängen. Und auch in den Gebieten nördlich und südlich des Äquators sind die Jahreszeiten nur schwach ausgeprägt. Das heißt: Klima und Wetter, und damit auch die Winde, sind wesentlich gleichmäßiger und berechenbarer als in unseren Breiten weit weg vom Äquator.

Schon im ausgehenden 15. Jahrhundert verstanden es die Seefahrer, diesen Wind zu nutzen: Der Nordostpassat war es, der Kolumbus über den Atlantik nach Mittelamerika trug. Heute sind es die Transatlantiksegler, die jedes Jahr in Scharen die „Kolumbusroute" befahren. Und die Kitesurfer von Essaouira – mit den Jahren nahm der Funfaktor des Passats beständig zu.

Im Landesinneren Marokkos, vor allem südlich des Hohen Atlas, der sich wie ein Riegel quer durchs Land zieht, sieht das anders aus. Hier lernt man die zerstörerische Kraft des Windes kennen. In der Gegend um Zagora, einer Wüstenoase am Rand der Sahara, lernen wir Ydir kennen, einen Bauer, der bereits vor Jahren von seinem Haus an der Nationalstraße 12, die sich von Ost nach Westen zieht, weggezogen ist. Der Grund: Er und seine Familie hatten dem Wind nichts mehr entgegenzusetzen. Aus seinem Haus hat der heiße Wüstenwind bereits eine Ruine gemacht. Das Dach fehlt komplett, und an den Außenmauern kann man besonders gut sehen, welche Gewalt der Wind dort hat: Sie sehen aus, als seien sie monatelang mit grobem Schmirgelpapier behandelt worden, teilweise sind sie so sind dünn, dass ein leichter Faustschlag reicht, um ein Loch hinein zu brechen – spätestens jetzt begreift man, woher der Begriff „sandstrahlen" kommt.

Eine weitere zerstörerische Komponente des Winds sehen wir, als wir mit Ydir dessen Land abgehen. Bei diesem Spaziergang gehen wir eine Anhöhe hinauf, auf der viele seltsame Büsche aus dem Boden wachsen – nur: Es sind gar keine Büsche, es sind die Spitzen von Palmen, der letzte sichtbare Rest von Ydirs Palmenhain, der gerade von einer Sanddüne überrollt wird.

Sand! Keine der drei anderen Hauptbodenarten Ton, Lehm und Schluff, ist so negativ besetzt wie die mineralischen Körner: „Sand im Getriebe", jemandem „Sand in die Augen streuen", etwas „in den Sand setzen", den „Kopf in den Sand stecken", etwas „auf Sand bauen", etwas „verläuft sich im Sande" oder „rinnt wie Sand durch die Finger" – es gibt keine populäre Redewendung, in der dem Sand eine positive Eigenschaft zugewiesen würde.

Unheimlich ist allein schon die Art, wie er sich fortbewegt: durch „Saltation", so heißt das „Springen" der Sandkörner von A nach B. Ein Sandkorn

Impressionen aus dem Hohen Atlas. Das mächtige Gebirge ist die Wetterscheide zwischen Nord- und Südmarokko.

wird dabei von einem Windwirbel hoch- und ein Stück weit mitgerissen, bevor es durch sein Eigengewicht wieder zu Boden fällt. Beim Aufprall wirbelt es andere Sandkörner auf, die nun ebenfalls vom Wind erfasst und ein Stück weiter transportiert werden – auf diese Weise türmen sich gewaltige Dünen auf, die langsam, aber unaufhaltsam wandern und alles verschlucken, was sich ihnen in den Weg stellt.

Die einzige Möglichkeit, diese Zeitlupenkiller zu stoppen, besteht darin, die einzelnen Sandkörner am Springen zu hindern – durch viele Reihen aus langen Palmwedeln, die dicht nebeneinander tief in den Boden gesteckt werden. Vor Zagora ist eine solche Schutzzone zu sehen: Ein mehrere hundert Meter breiter und mehrere Reihen tiefer Gürtel ist von diesen Palmwällen durchzogen. Man begreift sofort: Dieses Schutzsystem baut man nicht eben mal schnell, das ist eine gewaltige Aufgabe, in der unglaublich viel Arbeit und ebenso viel Material steckt – das können vielleicht die Bewohner größerer Oasen hinbekommen, wenn alle mit anpacken, Einzelkämpfer wie Ydir haben da keine Chance.

Leben mit dem Wind, das äußert sich auch in der Kleidung. Immer wieder waren wir überrascht, dass wir bei Temperaturen von weit über 30 Grad Männer mit Pullover und Anorak sahen. Die Erklärung dafür liefert eine uralte Berberregel: Was gut gegen Kälte ist, ist auch gut gegen Hitze. Und das bedeutet eben: Viele Lagen Kleidung halten die Außentemperaturen – egal ob heiß oder kalt – von der Körperoberfläche fern. „Gerade wir Europäer tun uns aber damit schwer", erklärt Karla Ahansal D'Aloisio. Sie ist vor einigen Jahren vom Bodensee zu ihrem marokkanischen Mann nach Mhamid, nahe der Grenze zu Algerien gezogen, wo die beiden Kamelexkursionen und

Typisch für die Gegend um Zagora: Die Kasbahs, mächtige Lehmbauten mit Festungscharakter.

Eine Reise in die Heimat des „Blutregens" 49

Die zerstörerische Seite von Wind: Eine Sanddüne überrollt Ydirs Palmenhain (oben). Unterschiedliche Konzepte gegen den Wüstenwind (unten): Karla Ahansal legt dann einen Gesichtsschleier an, beim Dromedar verhindern engstehende Wimpern, dass ihm Sandkörner ins Auge fliegen.

Wüstencamps für Touristen anbieten. „Unter diesen vielen Kleidungsschichten bildet sich nämlich ein Schweißfilm, den wir als unangenehm empfinden." Aber: Schweiß hat ja die Aufgabe, den Körper zu kühlen. Deshalb sei es klüger, diese Schweißschicht zu erhalten, als sich, nur mit T-Shirt bekleidet, austrocknen zu lassen wie Dörrobst. Was gut ist gegen Kälte, ist auch gut gegen Hitze – aus diesem Grund trinken übrigens die Wüstenbewohner auch heißen Tee gegen den Durst und nicht eiskalte Cola.

Auch zum Thema „Verschleierung" hat die promovierte Naturwissenschaftlerin, Heilpraktikerin und Yogalehrerin eine pragmatische Haltung: Sie ist für Karla eine sinnvolle Strategie im Umgang mit den klimatischen Verhältnissen: „Das hat zunächst einmal sehr wenig mit Religion zu tun, es geht darum, dass man sich durch ein Tuch über Mund und Nase eine Grundfeuchtigkeit der Atemluft erhält – und deshalb sieht man hier nicht nur verschleierte Frauen, sondern auch verschleierte Männer."

Leben mit Wind und Hitze. Auch in der Architektur haben die Menschen eine intelligente Lösung gefunden: Sie wohnen in Häusern, die aus gestampften Lehmquadern gebaut wurden. Lehm

Das Dorf Bounou im Süden Marokkos: Die Architektur ist ganz darauf ausgelegt, Hitze und Wind draußen zu halten.

kann man nicht nur einfach und billig herstellen, er hat auch den riesigen Vorteil, dass er Wärme speichert: In den heißen Sommermonaten hält er sie vom Inneren fern und sorgt für angenehme Kühle, in kalten Nächten hält er die Wärme im Haus fest.

Perfektioniert wurde diese Bauweise in den Kasbahs, den Wehranlagen der Berber südlich des Hohen Atlas. Das sind mehrstöckige Burgen mit Zinnentürmen und prächtigen Ornamenten, ein architektonisches Märchen aus 1001 Nacht. Und fast ebenso viele standen an der berühmten „Straße der 1000 Kasbahs", die in einem Ring durch das südliche Marokko führt – viele sind noch sehr gut erhalten, andere sind zerfallen, aus demselben Grund wie bei Ydirs Haus: Weil der Wind schneller nagte, als der Mensch erhalten konnte. In einem solchen Dorf, Bounou, in der Nähe von Mhamid drehten wir gerade, als Lahcen, unser marokkanischer Guide, eine Bemerkung machte, die uns elektrisierte. Ganz kurz zu Bounou: Das kleine Dorf mit seinen dichtgedrängten, flachen Lehmhäusern und seinen verwinkelten Gassen, in denen sich überall der Sand sammelt, wirkt wie verlassen, doch hier und dort verraten Lebenszeichen – ein Stromzähler, ein Schuhabtreter

Marokko bei Chamsin, dem heißen Wüstenwind. Unser Guide Lahcen (oben rechts) an der Stelle, wo er als Junge noch mit seinen Freunden im Fluss gebadet hat (unten links).

vor einer Tür, ein Hof voller Hühner –, dass hier Menschen leben. Wenn man Bounou durchquert hat, steht man am Rande einer endlosen Weite aus Sand. Hier beginnt der Grenzstreifen zu Algerien, aber aufgrund der schlechten Beziehungen zwischen diesen beiden Ländern sind alle Verbindungsstraßen seit Jahren von Treibsand bedeckt und unbrauchbar. Und im Angesicht dieser lebensfeindlichen Landschaft begann Lahcen plötzlich zu erzählen: „Genau hier, vor dem Dorf, habe ich vor 25 Jahren noch gebadet und geangelt." Wie? Baden und angeln im Sand? Nun, so erläuterte Lahcen, Bounou lag mal direkt am Ufer des Draa, des – theoretisch – längsten Flusses Marokkos. Schon immer trocknete der Draa zeitweise aus, doch die Entwicklung der letzten Jahre und Jahrzehnte zeigt, wie dramatisch sich der globale Klimawandel in Marokko zeigt. Der Draa war hier schon seit Jahren nicht mehr zu sehen, die Jugendfotos, die uns Lahcen zeigt, wirken wie aus einer anderen Welt: Jungs, die ausgelassen im Fluss toben und auf eine Art ins Wasser springen, die bei uns selbst in vornehmeren Kreisen nur noch „Arschbombeeee" heißt.

Ähnliches erzählt Fritz Koring, der nahe Zagora ein Hotel betreibt, das „Skysahara", das – wie Bounou – ebenfalls nahe des Draa lag. „1999 bekam ich Besuch von einer Freiburger Gruppe, die mit

Kajaks unterwegs waren und bei mir übernachteten. Sie wollten im darauf folgenden Jahr wieder kommen, doch da war der Fluss weg – bis heute". Auch wenn er oberirdisch nicht immer zu sehen war, unterirdisch strömte der Draa weiterhin auf wasserundurchlässigen Schichten unter der Wüste durch, von oben gut zu erkennen, an dem breiten, grünen Oasenband, das sich durch das endlose Graubraun schlängelt.

Doch auch dieser unterirdische Fluss beginnt sich zurückzuziehen. Draußen im Hof seines Hotels demonstriert Fritz Koring diese dramatischen Veränderungen: Er lässt einen Stein in einen Brunnen fallen. Rund 3 Sekunden dauert es, bis man ihn aufschlagen hört: „Für diesen Brunnen, der voriges Jahr gebaut worden ist, mussten wir 30 Meter in die Tiefe graben. 1998, als das Hotel gebaut wurde, lag der Wasserspiegel noch bei 11 Metern." 19 Meter in nur 17 Jahren – das zeigt, wie dramatisch der Grundwasserspiegel in dieser Region Marokkos sinkt.

Für Koring ist der Grund klar: „Die Schneegrenze des Hohen Atlas hat sich in den vergangenen 20 Jahren ständig nach oben verschoben – von

Wasserspeicher Atlas: Eigentlich müsste die ganze Bergkette bis in den Juni hinein weiß sein. Doch bei unserer Reise im Mai war bereits von Schnee kaum mehr etwas zu sehen.

Hotelbesitzer Fritz Koring demonstriert Sven Plöger an einem Brunnen, wie dramatisch der Grundwasserspiegel in nur wenigen Jahren gesunken ist.

Golfplätze, Parks, Luxushotels: Die Wüstenstadt Quazarzate hat sich in den letzten Jahren zum Tourismusmekka und zur Filmmetropole entwickelt – mit dramatischen Folgen für den Wasserverbrauch.

3000 auf 3500 Meter, mittlerweile auf fast 4000 Meter." Bis weit in den Juni hinein habe früher der Schnee gehalten und sei damit für den Draa das Wasserreservoir für die trockenen Monate gewesen. Auch Lahcen erinnert sich noch gut daran, dass früher die Gipfel des Atlas bis in den Sommer hinein weiß gewesen waren. Und heute? Als wir Mitte Mai durch den Hohen Atlas fahren, sieht man an einigen schattigen Berghängen noch vereinzelt Schneeflecken, alles andere ist bereits weggeschmolzen.

Sicher spielen auch noch andere Faktoren eine Rolle, die den dramatischen Wassermangel ausgelöst haben. So hat sich zum Beispiel direkt am Fuß der Berge ein anderer Ort, Ouarzazate, zu einer 70 000 Einwohner zählenden Stadt entwickelt, die nun wie ein Riegel vor den südlicheren Orten liegt und immer mehr Wasser abgreift. Der Grund: Aus der Garnisonsstadt ist ein bedeutender Touristenort geworden, vor allem ist Ouarzazate *die*

Filmmetropole Nordafrikas: Hollywood-Monumentalstreifen wie „Gladiator", „Game of Thrones" oder „Babel" wurden hier gedreht. Entsprechend gut ist die Boomtown mit zahlreichen Hotels, Appartements, Pools und Golf Greens ausgestattet – und all das verbraucht natürlich viel von dem Wasser, das weiter südlich so dringend benötigt würde.

Andere machen die sich aufgrund staatlicher Förderung ständig ausbreitenden Melonenplantagen verantwortlich. Die Probleme dabei: Melonen bestehen zu 95 % aus Wasser und die Früchte sind Exportware. Das heißt, mit jedem Kilo Melone transportiert man nicht nur 950 Gramm Wasser aus der trockenen Region, sondern – virtuell – auch die 200 Liter Wasser, die gebraucht wurden, um dieses Kilo ernterief zu machen.

Auch wenn am Nordrand der Sahara zahlreiche Umweltsünden begangen worden sein mögen: Auch die Klimaentwicklung in Marokko verläuft

besonders beunruhigend. Die Deutsche Gesellschaft für Internationale Zusammenarbeit (GIZ) listet eine ganze Reihe von Alarmsignalen auf:
- eine landesweite Verringerung des Jahresniederschlagsmenge bei gleichzeitigem Anstieg der Jahresmitteltemperatur von 0,6 bis 1,5 °C;
- eine Zunahme von Extremwetterereignissen wie Stürme und Starkregen;
- vor allem in den südlichen Landesteilen führen Dürren zu Ernteausfällen; in Verbindung mit der oben beschriebenen Intensivierung der Landwirtschaft und nicht nachhaltiger Nutzung natürlicher Ressourcen trägt dies zur Wüstenbildung bei;
- jährlich gehen geschätzte 30 000 Hektar Wald verloren.

All dies hat auch massive Auswirkungen auf die Sozialstruktur des Landes. Ein Beispiel beobachtet Fritz Koring immer häufiger. Rings um sein Hotel kapitulieren immer mehr kleine Oasenbauern vor den hohen Kosten, wenn sie ständig tiefer nach Wasser bohren müssen – „um auf 30 Meter Tiefe zu kommen, muss man inzwischen mit 2000 bis

Sand so weit das Auge reicht. Und dennoch ernährt diese Wüstenlandschaft Millionen Menschen – noch.

Marokko, ein wunderschönes Land – aber auch eines, in dem man den Klimawandel spürt wie in kaum einem anderen.

3000 Dollar rechnen", meint Koring. Die Konsequenz: Immer mehr Bauern verkaufen ihre Oasen an finanzstarke Großbetriebe, die diese Investition stemmen können. „Und diese heimatlosen Bauern ziehen dann mit ihren Familien an den Rand der Städte, wo sie hoffen, Arbeit zu finden."

Und was, wenn sich – was leider häufig der Fall ist – diese Hoffnung nicht erfüllt? Dann, meint Koring, trete Plan B in Kraft: Einer der Söhne müsse sich nach Europa durchschlagen und dort so viel verdienen, dass er etwa 200 Euro nach Hause überweisen könne.

Diese Entwicklung ist auf jeden Fall einen Gedanken wert. Krieg und Verfolgung sind momentan die Fluchtursachen, die – von den einen Europäern mehr, von den anderen weniger – als Fluchtgründe anerkannt werden. Scharf abgegrenzt werden dagegen die „Wirtschaftsflüchtlinge", von denen man gemeinhin annimmt, sie wollten lediglich der beruflichen Perspektivlosigkeit zu Hause entfliehen. Es gibt mittlerweile aber viele Stimmen, die vor dieser Vereinfachung warnen und prognostizieren, dass die Zahl der Menschen dramatisch steigen wird, die nicht aus ökonomischen, sondern aus ökologischen Gründen ihre Heimat verlassen: Weil Dürreperioden bereits mehrere Ernten vernichtet haben. Weil der fruchtbare Ackerboden von immer heftiger werdenden Stürmen weggeblasen wurde. Weil ihr Land immer häufiger überschwemmt wurde. Weil alle Quellen im Umkreis nach und nach versiegt sind. Oder weil die immer tiefer gehenden Grundwasserbohrungen einfach nicht mehr bezahlbar waren … Sind die jungen Marokkaner, die von Europa aus versuchen, ihre Familien zu ernähren, nur die kleine Vorhut einer Welle von Klimaflüchtlingen, die von Jahr zu Jahr wächst? Und die nicht – wie die Mehrzahl der heutigen Flüchtlinge – wieder nach Hause gehen werden, wenn der Krieg vorbei ist. Sondern die bleiben müssen, weil es zuhause keine Existenzgrundlage mehr gibt …

Das sind die Fragen, die sich einem aufdrängen, wenn man in Marokko mit Menschen wie dem Bauern Ydir oder dem Hotelbesitzer Koring spricht. Oder wenn man im Mai auf eine grüne Atlaskette schaut, die vor zwei Jahrzehnten um diese Zeit noch schneeweiß war – Marokko ist ein Land, in dem die Zeichen des Klimawandels stärker als in anderen zu spüren sind.

Wir müssen also ein großes Interesse daran haben, dass Bauern wie Ydir nicht nur irgendwie überleben, sondern sich eine wirtschaftliche Existenz aufbauen, die auch für eines seiner Kinder attraktiv genug ist, um dem Vater nachzufolgen. Viele nationale und internationale Organisationen sind bereits in Marokko tätig, um Anbaumethoden zu entwickeln, die mit den natürlichen Gegebenheiten harmonieren, die Erosion der Böden aufhalten und nicht der Gegend das kostbare Wasser entziehen. Und es gibt schon mehrere Projekte, die Hoffnung machen, zum Beispiel Tröpfchenbewässerung, der Anbau von Kaktusfeigen oder – weiter im Norden – die Ausweitung der Argan-Plantagen, eines urtümlichen Baums, der weltweit nur in Marokko vorkommt.

Wer durch Marokko reist, dem wird dieser Baum schon aus einem anderen Grund ins Auge stechen: Weil die marokkanische Ziegen es lieben, bis in seine Kronen hochzusteigen, um an die köstlichen, Wasser speichernden Früchte zu kommen. Aus diesen Früchten machen Kooperativen von Landfrauen Öl, indem sie die Kerne rösten und dann erst pressen. Dieser einzigartige Geschmack ist es, der das Arganöl zum flüssigen Gold Marokkos macht. Millionen Ziegen können schließlich nicht irren.

Problemfall Melonenanbau: Mit jedem Kilo Fruchtfleisch werden 950 Gramm Wasser aus der Wüste wegtransportiert – zum Beispiel in unsere Supermärkte.

Wind auf der Wetterkarte

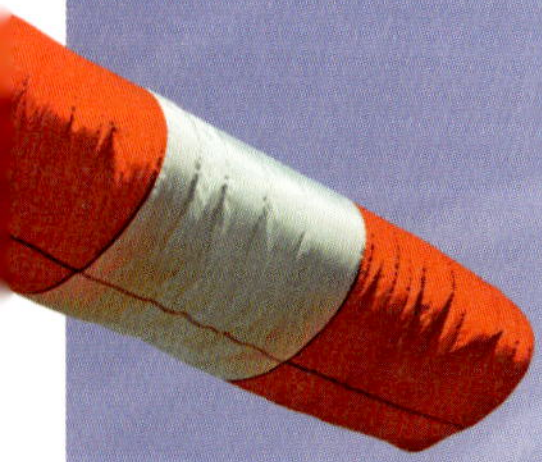

Schaut man auf eine Wetterkarte, dann fallen zuerst die **Buchstaben H und T** für Hoch und Tief auf, danach die farbigen Linien in Rot mit den Halbkreisen **(Warmfront)** und jene in Blau mit den angehefteten Dreiecken **(Kaltfront)**. (Mehr darüber finden Sie im Begleitbuch zu Staffel 1: Rolf Schlenker/ Sven Plöger: „Wo unser Wetter entsteht. Eine meteorologische Reise", Stuttgart 2015, Seite 66–68.) Manchmal gibt es auch noch violette Linien, an denen Halbkreise und Dreiecke zu finden sind. Das sind dann die sogenannten **Misch- oder Okklusionsfronten**. Bei diesen hat die schnellere Kaltfront die vorlaufende und stets langsamere Warmfront eingeholt. Je stärker die Fronten okkludiert (von lat. okkludere = verschließen) sind, desto älter das Tief. Es steht dann kurz vor seiner Auflösung.

Hier fokussieren wir uns nun ganz auf die **Isobaren**, also die Linien gleichen Luftdrucks. Eine Linie verbindet zum Beispiel alle Orte, an denen ein Luftdruck von 1020 Hektopascal (das entspricht genau 1020 Millibar) herrscht. Eine nächste folgt dann etwa mit 1025, 1030, 1035 Hektopascal und so weiter. Das ist in etwa so wie beim Malen nach Zahlen, was schon im Kindesalter zu Bildern führte, die deutlich schöner wurden als diejenigen, die man frei gezeichnet hatte. Allerdings können sich Isobaren natürlich nie schneiden, denn sonst gäbe es ja am Schnittpunkt einen Ort mit zwei Luftdrucken gleichzeitig, was aber

unmöglich ist. Im Begleitbuch zur ersten Staffel haben wir gezeigt, dass ein Hoch quasi ein Luftberg und ein Tief ein Lufttal ist. Dieser Analogie folgend sind die Isobaren die Höhenlinien. Und jedem, der schon mal eine Radtour durch schwieriges Gelände gemacht hat, ist klar: Wenn man quer zu den Höhenlinien fährt, geht es bergauf oder bergab und man weiß vor allem, dass der Berg umso steiler ist, je enger die Höhenlinien beieinander liegen. Legt man eine Kugel auf so einen schrägen Berghang, dann steht völlig außer Zweifel, dass sie umso schneller nach unten rollt, je steiler die Hangneigung ist.

Übertragen wir diese Erkenntnis in die Wetterkarte, bedeutet das, dass der Luftdruckunterschied umso größer ist, je geringer der Abstand der Isobaren voneinander ist. Und jetzt kommt der Wind ins Spiel, denn der entspricht quasi unserer Kugel, die am Hang ins Rollen kommt. Entsprechend führt ein großer Luftdruckunterschied oder eben eng liegende Isobaren zu einer starken Luftströmung vom Luftberg (Hoch) zum Lufttal (Tief). Die Essenz ist folglich: Je enger die Isobaren auf der Wetterkarte gezeichnet sind, desto stärker ist der Wind. Stürme oder Orkane sind also schnell ausfindig gemacht – sie liegen dort, wo wir die meisten Isobaren finden!

An dieser Stelle treffen wir natürlich sofort wieder auf einen alten Bekannten, nämlich auf die Corioliskraft. Sie lenkt die Bewegung bei uns auf der nördlichen Halbkugel ja nach rechts ab. Diese Ablenkung findet so lange statt, bis es zu einem Kräftegleichgewicht zwischen der Corioliskraft und der sogenannten Druckgradientkraft kommt. Sie beschreibt die Kraft, die durch die Hangneigung entsteht. Am Ende führt das aber dazu, dass der Wind genau parallel zu den Isobaren weht, immer mit dem tiefen Druck auf der linken und dem hohen Druck auf der rechten Seite (auf der Nordhalbkugel). Diesen Wind bezeichnet man in der Meteorologie als „geostrophischen Wind".

Betrachtet man den geostrophischen Wind genauer, dann kommt schnell ein Frage auf: Wieso können sich einmal entstandene Hochs und Tiefs denn jemals auflösen, wenn der Wind ausschließlich isobarenparallel und damit stets um sie herum weht? Die Lösung findet sich in der sogenannten ageostrophischen Windkomponente, die durch die Bodenreibung entsteht und die Bewegung in den unteren Luftschichten etwas bremst. Das schwächt die Wirkung der Corioliskraft leicht ab und so wird die Luft – auf der Nordhalbkugel – nach links in Richtung Tief gelenkt, das sich so nach einiger Zeit wieder auflösen kann. Und dann geht alles von vorne los – so lange die Sonne uns ihre Energie schickt.

OSTLAGE – BESUCH VON MÜTTERCHEN RUSSLAND

Ab nach Sibirien! Keine Frage: Wer in diese menschenleeren Gebiete reiste, konnte nur beim Zaren oder dem Obersten Sowjet in Ungnade gefallen sein, oder? Doch das ist Klischee. Es gibt auch das andere Sibirien: Ein riesiger fruchtbarer Garten, der trotz extremer Klimabedingungen Sehnsuchtsort für viele Auswanderungswillige ist – auch aus Deutschland.

Was der Ostwind so alles mit sich bringt – im Guten wie im Schlechten

Wenn man an „Anastasia" glaubt, dann speichert eine Zeder 500 Jahre lang kosmische Energie und beginnt exakt nach diesem halben Jahrtausend ein akustisches, aber nicht für jeden Normalsterblichen hörbares Signal abzusetzen: Sie „klingt" – und zwar genau drei Jahre lang. Wenn man sie in diesem Zeitraum fällt, kann sie die gesamte gespeicherte Energie an den Menschen abgeben, zum Beispiel in Form von Zedernöl – nach Anastasia eines der effizientesten Medikamente auf der Erde.

Okay, klingt jetzt nicht gerade so, als würde Ihre Krankenkasse das anerkennen ... und auch das, was Anastasia sonst an Erkenntnissen von sich gibt, etwa über den Antrieb fliegender Untertassen oder über die Technik, Gemüsesamen vor dem Einpflanzen anzuhauchen, damit die Pflanze erkennen kann, an welchen Stoffen es dem hauchenden Menschen mangelt, dürfte bei uns eher auf hochgezogene Augenbrauen stoßen. In Russland ist die Romanreihe jedoch ein Megaerfolg. „Anastasia" ist die Geschichte des Ich-Autors Waldemar Megre, der in den 90er-Jahren eine junge Russin kennen gelernt haben will, die mitten in der sibirischen Taiga nur von dem lebt, was die Natur ihr bietet. Und da wir bei „sibirischer Taiga"

Sven Plöger an der Grenze zwischen Chakassien und Tuwa: Die Reise zu den Ursprüngen des Ostwinds führte bis in den tiefen Süden Sibiriens.

von einem Waldgebiet unvorstellbaren Ausmaßes reden, mit kurzen, bis zu +40 °C heißen Sommern und sehr langen, bis zu –40 °C kalten Wintern, dann ist eigentlich klar: Das kann nur esoterischer Firlefanz sein. Doch ganz so einfach ist das nicht: „Anastasia" hat in Russland eine riesige Fangemeinde, die ihr nacheifert. Zum Beispiel beim Projekt „Familienlandsitz". In Megres Romanen findet sich eine Anleitung, wie man mitten im kalten Sibirien von einem Hektar Land eine ganze Familie ernähren kann und sich dabei völlig autark macht. Anastasia gibt dabei präzise vor, wie viel Wald (Brennholz, Baumaterial) auf diesem Hektar stehen müssen, welche Tiere (Kühe, Schweine Ziegen, Hühner oder Bienen) wo gehalten werden sollen und wie man die 300 (!) Pflanzensorten anzubauen hat.

Und: Das funktioniert! In Russland gibt es Bewegung, die auf dieser Basis sogenannte „neue Dörfer" baut. Das Schema ist immer dasselbe: die Kosten für Lebensunterhalt minimieren, alles, das was man zum Leben braucht, selbst anbauen und – zum Großteil – für den Winter konservieren, das was man übrig hat, verkaufen.

Ende der 90er-Jahre liest im tiefsten Russland die junge Julia dieses Buch – und es fasziniert sie sofort: „So wollte ich immer leben", erzählt sie. Doch

In Russland ein Millionen-Seller: die Esoterikromanreihe „Anastasia".

Rund 80 °C liegen zwischen diesen beiden Fotos: In Sibirien kann es im Sommer bis zu 40 °C warm und im Winter bis zu –40 °C kalt werden.

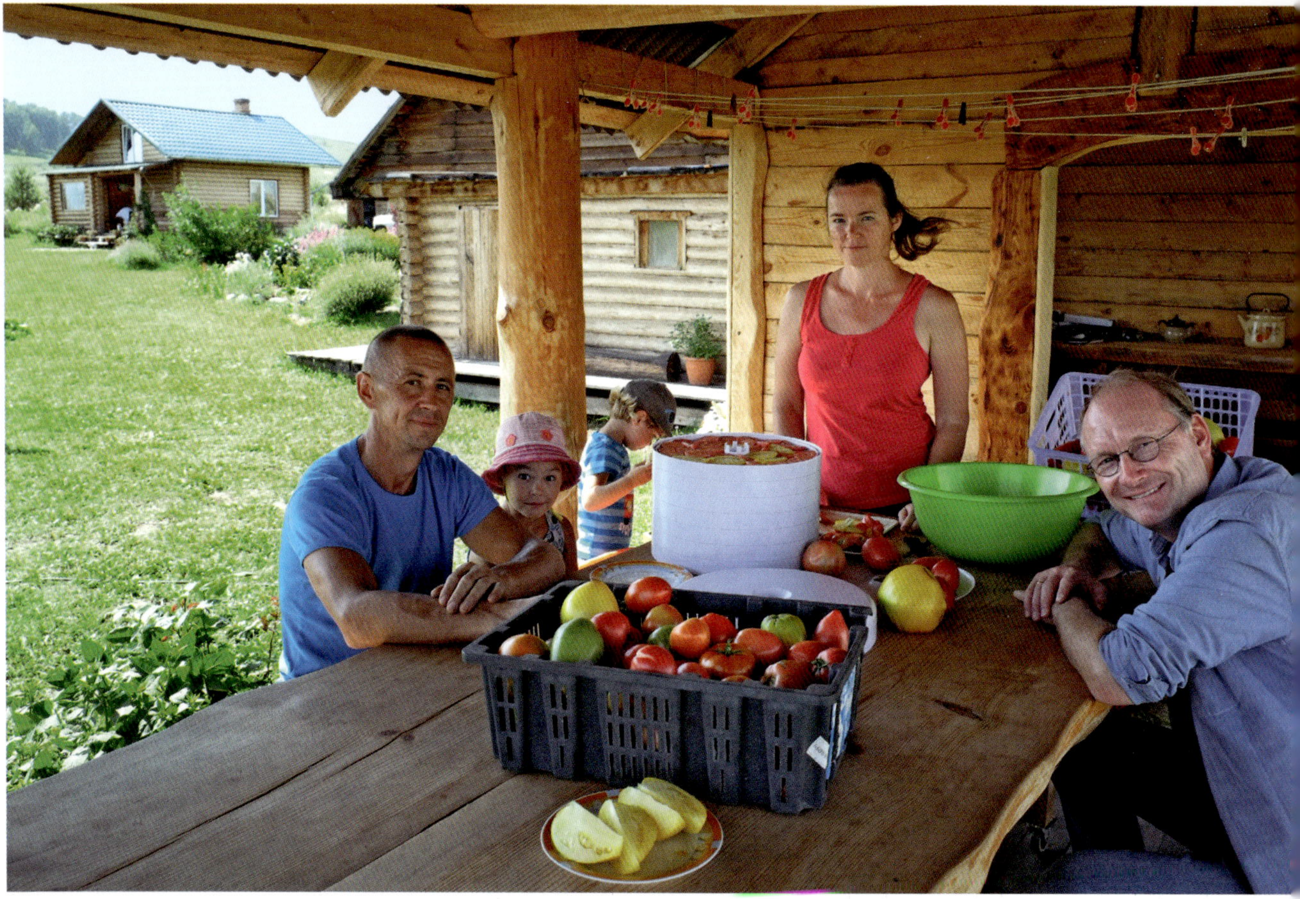

РЕСПУБЛИКА
ХАКАСИЯ
ВЫСОТА НАД УРОВНЕМ МОРЯ
2214 м

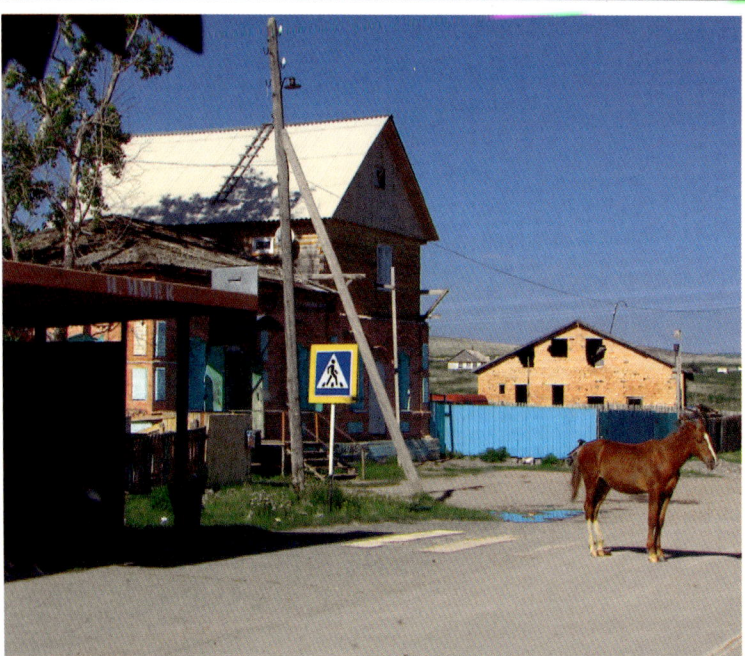

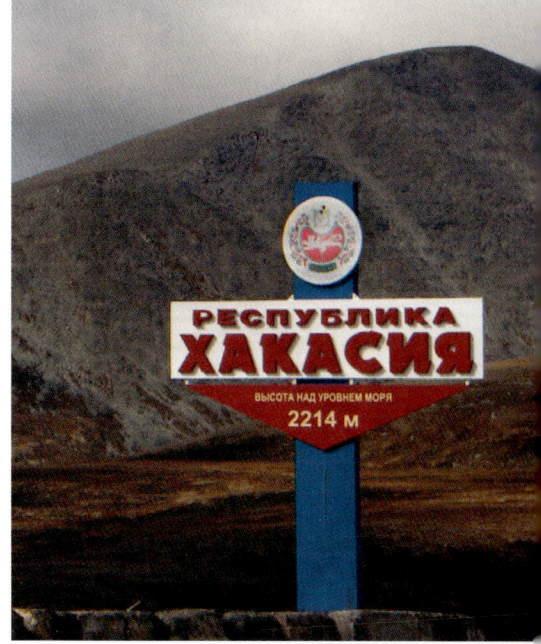

Unser Reiseziel: Familie Werner, von Dortmund nach Sibirien ausgewandert. Ihre neue Heimat ist ein Dorf in der Nähe der chakassischen Hauptstadt Abakan.

der Weg führt sie erst einmal weit weg von der Taiga: nach Dortmund. Ihre Eltern haben beschlossen, nach Deutschland überzusiedeln, und Julia muss mit. In Dortmund lernt sie den jungen Fliesenleger Waldemar Werner kennen – auch er ist als Jugendlicher mit seinen Eltern aus Russland nach Dortmund gekommen. Die beiden verlieben sich ineinander, heiraten – Happy End? Noch nicht! Denn da ist dieser Traum, im Einklang mit der Natur zu leben, in den endlosen Weiten Russlands und nicht im dichtbevölkerten Ruhrpott. Ähnlich ist es bei Waldemar: Er ist zwar nicht von Anastasia infiziert, aber dem jungen Mann gefällt der Gedanke gut, sich selbst etwas aufzubauen, sein eigener Herr zu sein, anstatt von morgens bis abends Wäsche auszufahren, denn: „Das war nicht das Leben, das ich mir erträumt hatte", sagt er.

Der Gedanke reift, die beiden beginnen zu recherchieren und finden – in Chakassien, nahe den Grenzen zu Tuwa und der Mongolei – ein Dorf, in dem mehrere Leute mit ähnlichen Idealen leben. Und dann geht es ganz schnell: Sie kaufen dort Land, packen alles zusammen und starten im Sommer 2008 – 5333 Kilometer Luftlinie und 7000 Straßenkilometer liegen vor ihnen.

Nun hat ja Sibirien nicht das allerbeste Image: Da waren die Gulags, die zaristischen und später kommunistischen Straflager voller ausgebeuteter Regimegegner und Kriegsgefangenen, darum herum endlose Birkenwälder, die im Winter von eisigen Schneestürmen zerzaust und im Sommer von unvorstellbar großen Stechmückenschwärmen heimgesucht werden, so die landläufige Vorstellung – kurz: die ideale Thriller-Kulisse. Das bekannteste Sibirien-Drama hierzulande ist „Soweit die Füße tragen", ein zuletzt 2001 wieder aufgelegter Film über die Flucht des deutschen Kriegsgefangenen Clemens Forell und seine abenteuerliche Odyssee zurück nach Deutschland.

Einer der Landstriche, durch die Forells Flucht führt – Chakassien nahe der Grenze zur Mongolei – sollte nun also die neue Heimat der Werners sein, die sie nach einer mehrtägigen Autofahrt

Was der Ostwind so alles mit sich bringt – im Guten wie im Schlechten

Pilze werden z. B. nur eimerweise verkauft: Das Angebot auf Sibiriens Märkten zeigt, wie fruchtbar diese Region im Sommer ist.

Endlose Wälder voller Früchte und Pilze, ein riesiger Garten und eine kleine Holzpelletfabrik machen die Werners zu Selbstversorgern.

erreichten. Und ausgerechnet hier sollten sie völlig autark überleben können – wie sollte das gehen?

In Imek, Ihrem Dorf 200 Kilometer südwestlich der chakassischen Hauptstadt Abakan, ist vom Gulag-Horror nichts zu spüren. Es liegt reizvoll am Übergang zwischen Steppe und Taiga. In der hügeligen Landschaft kann der Blick endlos schweifen, nur auf der einen Seite vom Altai-, auf der anderen vom Sajangebirge begrenzt.

Nach ihrer Ankunft wohnen die beiden zunächst im alten Dorf in einem verlassenen Haus. Ihr Land liegt etwas außerhalb, ihr Ziel: Wenn der Winter kommt, soll ihr kleines Blockhaus fertig sein: 25 Quadratmeter Grundfläche, unten ist ein großer Raum, der Küche, Wohn- und Esszimmer in einem ist, oben ist ein großer Schlafraum, für sich – und so ist der Plan – drei Kinder.

Über ihre Abreise, ihre Ankunft und ihre erste Zeit haben die Filmemacher Jörq Altekruse und Kalle Kaub eine wunderschöne Dokumentation gemacht – wir, das SWR-Team, kommen 8 Jahre später und … stehen in einem Paradies. Mittlerweile ist aus der einsamen Blockhütte mitten in der Steppe ein Landgut inmitten eines riesigen Gartens geworden, zu dem kleinen Wohnhaus

kamen hinzu Sauna, Sommerküche mit Essplatz, Gästehaus, Hühnerstall, WC, Brunnenhaus und – zwei Kinder.

Das Zentrum des Anwesens ist ein riesiger Garten, in dem alles wächst, was man sich nur vorstellen kann: Stachelbeeren, Johannisbeeren, Himbeeren, Trauben, Äpfel, Birnen, Kürbisse, Kartoffeln, Gemüse und Salate aller Art, und, und, und … und dann Tomaten – und was für welche. Wegen des kurzen Sommers werden sie in Gewächshäusern gezogen, aber was da unter den Foliendächern reift, sind pampelmusengroße Tomaten in allen Farbschattierungen zwischen Zitronengelb und Dunkelrot, mit einem intensiven Fruchtgeschmack, den ein supermarktgewohnter Mitteleuropäer so nicht kennt …

Das alles hat mit der geographischen Lage zu tun. Sibirien erstreckt sich über annähernd 13 Millionen Quadratkilometer Fläche, das macht rund drei Viertel Russlands aus – Sibirien ist damit das größte Land der Welt. Wer es von Norden nach Süden durchquert, muss 3500 Kilometer zurücklegen, wer von Ost nach West fährt gar 7000 Kilometer.

Diese riesige Landfläche ist die Ursache dafür, dass sich das Klima hier fundamental von dem bei uns unterscheidet. Während Mitteleuropas Klima stark von großen Wasserflächen des Atlantiks, der Ostsee und des Mittelmeers beeinflusst wird, überwiegt hier die Landmasse. Das heißt: In Sibirien herrscht das „kontinentale" Klima: trocken, mit wenig Regen im Sommer und wenig Schnee im Winter.

Zweiter Unterschied: Während bei uns der warme Golfstrom ausgleichend für feucht-warme Sommer und mild-feuchte Winter sorgt, gehen hier die Temperaturen in die Extrembereiche: 40 Grad heiße Sommertage sind keine Seltenheit, ebenso wenig 40 Grad kalte Wintertage. Allerdings sind die Sommer kürzer und die Winter länger als bei uns. Deshalb reift in Julias Garten auch fast alles gleichzeitig. Das bedeutet für die Familie einen

Imek, das Dorf der Werners, im Winter: Das trockene Klima sorgt für große Kälte bei relativ wenig Schnee.

gewaltigen Arbeitseinsatz. Riesige Mengen von Lebensmitteln müssen getrocknet oder konserviert werden, um dann in einem Erdbunker gelagert zu werden. Dazu kommt noch das Sammeln von Waldfrüchten. Wie fruchtbar dieses Land ist, wird einem klar, wenn man in den Wäldern gerade mal eine Stunde suchen muss, um eine 120-Liter-Mülltüte mit Birkenpilzen vollzukriegen. Und deshalb werden auf den Märkten Pilze auch nicht 100-Gramm-weise sondern putzeimerweise verkauft: 10 Euro kostet umgerechnet ein Eimer Steinpilze.

Der Garten der Werners ernährt die vierköpfige Familie gut, wenngleich der Garten nicht 100 % „Anastasia" ist. Getreide bauen die Werners zum Beispiel nicht an. Das kaufen sie von dem Geld, das sie mit ihren Überschüssen verdienen. Auch Honigbienen haben sie nicht. Das Imkern überlassen sie einem jungen Paar, das weitab jeder Straße mitten in der Taiga eine Bienenfarm aufgebaut hat und einmal monatlich auf Verkaufsreise durch die Dörfer geht.

Da sich jeder auf etwas anderes spezialisiert, entsteht eine Art Binnenhandel, von dem alle profitieren können: Jeder hat etwas zu verkaufen, jeder kauft dem anderen etwas ab. Waldemar hat sich vorgenommen, sich auf ein anderes Geschenk dieses Klimagürtels zu konzentrieren: Holz. Er möchte daraus Pellets machen. Pellets? Alternative Brennstoffe ausgerechnet in Russland? Doch Holz machen ist ein langwieriges Geschäft:

Man muss es schlagen, zerkleinern – und dann erst einmal trocknen lassen. Einen Sack Pellets zu kaufen ist einfacher, darauf setzt Waldemar. In einem leerstehenden Haus hat er sich aus allem, was er fand, einen kleinen Maschinenpark zusammengebastelt: einen Häcksler, der aus Holz Sägemehl macht, eine riesige Trommel, in der es getrocknet wird, und eine Presse, in der die Pellets geformt werden – ein Startup-Unternehmen, inspired by Taiga.

Und wie sehen bei Familie Werner die Winter aus? Zunächst: Die Hauptarbeit ist ja getan, es ist alles geerntet und haltbar gemacht, jetzt kommt eine ruhigere Zeit mit mehr Zeit für die Kinder. „Wir verbringen auch im Winter viel Zeit draußen", erzählt Waldemar, „allerdings: wenn es deutlich kälter als minus 20 Grad haben sollte, dann gehen wir ins Haus".

Mitte Oktober, als wir schon längst wieder in Deutschland sind, schauen wir auf die Webcam, die eine Straßenkreuzung in der chakassischen Hauptstadt Abakan zeigt: Dort hat schon längst der Winter Einzug gehalten, alles ist schneebedeckt – Sibirien halt ...

Der Vorortbesuch bei den Werners macht deutlich, was der Wind zu uns transportiert, wenn er aus Osten kommt: trockene Luft, die im Sommer warm und im Winter eiskalt ist.

Im Frühsommer 1986 brachte der Ostwind allerdings noch etwas anderes mit als nur schönes Hochdruckwetter.

▰▰▰ Was der Ostwind im Sommer mit sich bringt: Hochdruckwetter – mit manchmal gravierenden Folgen

Jeder hat seine eigene Erinnerung an diese Tage: Bei mir ist es eine Kameraeinstellung in der Tagesschau. Ein Traktor fährt über ein Feld voller sattgrüner Spinatpflanzen – und pflügt sie unter. Nichts hat die Lebensverhältnisse der Nachkriegszeit in Mitteleuropa so sehr erschüttert wie die Ereignisse an jenen sonnenbeschienenen Frühsommertagen des Jahres 1986. Die Nachricht kam scheibchenweise. Der Nachmittag des 29. April, ein Dienstag, ist meine erste Erinnerung an die Katastrophe: Ich fuhr im Auto, da zog der Moderator einer Popwelle die Musik runter, sagte kurz: „Wie gemeldet wird, handelt es sich bei der Panne im russischen Atomkraftwerk Tschernobyl um einen GAU", Musik wieder hoch, Tralala … Halloooo? GAU? Größter anzunehmender Unfall?

Angefangen hatte alles zwei Tage vorher, als in Finnland zweieinhalb Mal höhere Strahlungswerte als normal gemessen worden waren. Am nächsten Tag, am 28. April, wurden auch im schwedischen

Es ist nicht nur Wetter, was der Ostwind zu uns trägt: Im Mai 1986 war es eine riesige radioaktiv verseuchte Wolke aus Tschernobyl.

Kernreaktor Forsmark hohe Werte gemessen, jetzt sogar extrem hoch. Der erste Verdacht: Im eigenen Reaktor musste es eine Havarie gegeben haben. Doch der Check der Anlage selbst und die Analyse der Luftteilchen auf ihre Nuklidzusammensetzung zeigten schnell: Die Radioaktivität musste woanders herkommen. Am selben Abend wurde in Moskau bestätigt, dass es einen Unfall gegeben habe. Tags darauf dann erst die nächste Scheibe Wahrheit: Der Unfall war ein GAU.

Für die Deutschen ist Tschernobyl zunächst weit weg, von München sind es 1700 Kilometer, ebenso weit weg wie Tripolis am Rande der libyschen Wüste. Doch in dieser Situation zeigte sich, wie großflächig das System „Wetter" agiert. Die Worte, die Karl-Heinz Nottrodt, der diensthabende Meteorologe des Deutschen Wetterdienstes, in der 20-Uhr-Tagesschau sagt, klingen nüchtern und ruhig, doch inhaltlich sind sie ein Schock: „Die Wettersituation hat sich ein bisschen geändert. Die Windrichtung hat sich gedreht, wir bekommen jetzt nach Süddeutschland eine Ostkomponente." Und genau damit beginnt die Katastrophe für uns. Denn „Ostkomponente", also Ostwind, das bedeutete bis zu diesem Tag: Schönes, trockenes Sommerwetter aus Sowjetrussland. Aber am 29. April 1986 bedeutet diese Prognose, dass hochgradig verseuchte Luft auf dem Weg nach Mitteleuropa ist. Und am 2. Mai, einem wunderschönen Tag mit blauem Himmel, kommt die radioaktive Wolke an, zuerst in Bayern, dann in Baden-Württemberg, sichelförmig zieht sie weiter nach Norden. Und von Stund' an wird jeder einen Begriff benutzen, den er 24 Stunden vorher noch nicht kannte: Becquerel.

Wer es damals erlebt hat, erinnert sich noch, wie groß die Verunsicherung war: Radioaktivität? Bis zu diesem Tag war das etwas, vor dem zwar Atomkraftgegner und Friedensbewegte immer wieder gewarnt hatten, aber für viele Bundesbürger waren das damals linke und grüne Spinner. Und in der DDR wurden Friedens- und Umweltbewegung als Systemopposition ausgegrenzt, verfolgt und überwacht. Dass 25 Jahre später in Deutschland mit Winfried Kretschmann der weltweit erste grüne Ministerpräsident gewählt werden würde, hat viel mit diesem Schockerlebnis von 1986 zu tun.

Damals hatten viele den gleichen Gedanken im Kopf: Nichts wie weg! Aber nur wenige konnten ihn auch umsetzen – wer war schon in der Lage, Job, Sozialkontakte, Schule einfach so hinzuschmeißen? Eine Familie aus München konnte das. Bea und Henning Sievers waren selbstständig, die Kinder – drei und sechseinhalb – noch klein genug, um so einen radikalen Bruch mit der Heimat zu wagen.

Wie alle hatten sie zunächst vergeblich versucht, von Behörden präzise Details zum Unglück und zum Grad ihrer Gefährdung zu bekommen: „Da war mal von 400 Becquerel die Rede, dann wieder von 4000, alles ging durcheinander", erinnert sich

Beate und Henning Sievers: Kurz nach der Katastrophe wanderten sie auf die Azoren aus und lebten bis 1993 in ihrem Haus in João Bom (Mitte).

Bea Sievers. Ihr Mann reagiert schnell: Er hat einen Bekannten, der im Max-Planck-Institut arbeitet, und bittet ihn, abends mit einem Geigerzähler bei ihnen vorbeizukommen. Der Besuch ist ein Schock: „Überall dort, wo er scannte, Wände, Fensterbänke, die Kopfkissen der Kinder, war ein einziges Geprickel" – der Geigerzähler knattert so stark, dass die Familie beschließt, so schnell es geht, das Land zu verlassen. Doch wohin?

Die Idee ist schnell geboren. Kurz zuvor hatte die junge Familie einen abenteuerlichen Urlaub gemacht, fernab von jeglichem Tourismus, an einem Ort, den man damals nur von der Wetterkarte kannte: die Azoren, neun portugiesische Inseln weit draußen im Atlantik zwischen Europa und Amerika. Bis hierhin würde die Radioaktivität nicht kommen, so kalkulierten sie. Denn zwischen den Inseln und Tschernobyl lagen 4650 Kilometer Luftlinie – weiter westlich ging nicht, zumindest nicht, wenn man – wie die Sievers – den Kulturraum Europa nicht verlassen wollte.

Nur wenige Tage später: Während Henning noch bleibt und einige geschäftliche Dinge abwickelt, setzt sich Bea mit den beiden Kindern ins Flugzeug. Und fliegt ins Ungewisse: „Wir hatten in unserem Urlaub eine Ferienwohnung am anderen Ende von São Miguel gemietet, aber dort hatte ich nicht Bescheid sagen können, dass wir kommen, wir wollten nur weg." Jetzt hofft sie nur, dass die Ferienwohnung frei ist und sie dort bleiben können. Am Flughafen nimmt sie mit den Kindern

ein Taxi und kommt spät in der Nacht an ihrem Ziel an, doch die Vermieter sind nicht zuhause. Ratlos stehen die drei vor dem dunklen Haus, da bemerkt sie ein Nachbar und bittet sie so lange zu sich herein, bis die Vermieter endlich kommen.

Nach einigen Wochen in der Ferienwohnung müssen sie sich Gedanken machen, wie es weitergeht. Sie mieten ein verlassenes, halb verfallenes Häuschen, richten es, so gut es geht, her – „so gut es geht", heißt: „Wenn es stark regnete, dann drang immer mehr Wasser ein, am Ende war das ein richtiger Bach, der durchs ganze Haus und dann wieder hinaus zur Straße floss." Für die Kinder war die wilde Natur, die das Haus umgab, ein Paradies, „die haben wir manchmal tagelang nicht gesehen". Auch die Erdbeben, die auf den Azoren sehr häufig sind, steckten die Kids mit links weg: „Wenn die Wohnzimmerlampe hin und her pendelte, dann schauten sie kurz drauf – und spielten weiter. Wenn die Lampe aber heftiger schwang, dann wussten sie: Raus!"

Doch dann wurde es besser, Familie Sievers zog in ein solides Haus in João Bom, im Nordwesten der Insel São Miguel, eine Gegend, in der sich viele deutsche Einwanderer niedergelassen hatten, die Kinder gingen dort zur Schule – alles gut. 1993 zog die Familie wieder nach Deutschland zurück – sieben Jahre nach der Katastrophe, die der Ostwind zu uns brachte.

Was der Ostwind im Winter mit sich bringt: Arktische Kälte statt Schietwetter …

28. Dezember 1978, Luftsturmregiment 40 der Nationalen Volksarmee, Prora auf der Insel Rügen: Als der Fallschirmjäger Lutz Landmann gegen 19:30 Uhr mit einigen Kameraden ins Standortkino geht, beginnt es zu schneien. Als sie den Kinosaal eineinhalb Stunden später wieder verlassen wollen, kriegen sie die Tür nicht mehr auf, weil von außen eine gewaltige Schneelast dagegendrückt. Innerhalb einer Spielfilmlänge hatte es Unmengen geschneit, es stürmt, die Temperaturen sind im freien Fall – Rügen ist der erste Ort, an dem eine eiskalte Nordostfront auf Deutschland trifft, fast 80 Stunden lang wird das jetzt so weiter gehen. „Nordost" bedeutet hier dreierlei: Kälte aus Skandinavien plus Kälte aus Sibirien plus die Feuchtigkeit der Ostsee. Und das heißt – zunächst einmal nur für Rügen –: tagelange Schneefälle, Temperaturen um die −20 °C. Eine Wetterkatastrophe nimmt ihren Lauf.

Zu dieser Zeit herrschen in Berlin noch frühlingshafte Temperaturen von 10 bis 12 Grad. Die Tagesschau meldet für den kommenden Tag anhaltende Niederschläge, die in Schnee übergehen können. Wie katastrophal dieser Kälteeinbruch war und wie tief er die Menschen traf, kann man sich kaum vorstellen. Zwei Dokumentationen („Die Lebensretter", MDR, und „Das weiße Chaos", NDR) zeigen das ganze Ausmaß, und zwar hüben wie drüben im damals noch geteilten Deutschland. Eine der unfassbaren Geschichten ist die der Reise von Sabine Köckritz. Als sie mit ihren beiden kleinen Kindern in Demmin in der mecklenburgischen Seenplatte in den Zug steigt, scheint noch die Sonne, dementsprechend leicht angezogen sind die drei. Das Ziel ist das Ostseebad Binz, Sabines Heimatort. Knappe zwei Stunden braucht der Zug über Stralsund und den Rügendamm für die Strecke – normalerweise. Doch für Sabine Köckritz und ihre Kinder wird die Reise diesmal 70 mal so lang werden: 140 Stunden – unglaubliche fünf Tage lang – werden sie in ausgekühlten Zugabteilen, zugigen Bahnhofshallen und eiskalten Viehwagons verbringen.

Schon bald nach ihrem Start hatte das Schlechtwettergebiet Mecklenburg erreicht: Urplötzlich verfinstert sich der Himmel, es beginnt zu schneien, immer dicker werden die Schneeflocken: „Und dann stand plötzlich der Zug – für die ersten fünf bis sechs Stunden." Das Problem sind nicht allein die riesigen Schneemassen, auch die Weichen frieren in dem plötzlich einsetzenden Temperatursturz ständig ein. Doch immer wieder fährt der Zug, in dem es mittlerweile empfindlich kalt geworden ist, ein Stück weiter, schafft es in dem weißen Chaos auch noch über den Rügendamm, der wenig später völlig vereist und damit unpassierbar sein wird. Doch dann ist, mitten auf Rügen, Schluss: Der Zug rast in eine fünf Meter hohe Schneewehe und bleibt stecken. So richtig schockiert ist im Zug drin keiner: Schließlich ist es ja auch bislang immer wieder ein Stück weitergegangen. Doch diesmal ist das anders: Geschlagene 40 Stunden passiert gar nichts, Rettungstrupps vom Festland könnten wegen des gesperrten Damms nicht auf die Insel gelangen

Festgefrorene Schiffe, Bundeswehrpanzer, die sich zu steckengebliebenen Autofahrern vorkämpfen, meterhohe Schneewehen – Fotos aus dem Katastrophenwinter 1978/79. So viel Schnee und Eis hatte man in Norddeutschland seit Generationen nicht mehr gesehen.

und die Versorgung aus der Luft ist wegen Starkwind und dichtem Schneetreiben schwierig bis unmöglich.

In den Wagons herrschen mittlerweile Außentemperaturen, die drei Köckritzs haben alles übereinander gezogen, was sie an Kleidern dabei haben, aber wenigstens sitzt man im Trockenen. „Doch dann kam eine Schaffnerin und befahl uns auszusteigen, draußen, nicht weit weg von den Gleisen würden Busse warten. Als ich mich weigerte, mit den Kindern in den Schneesturm rauszugehen, drohte man mir, dass man dann nachhelfen würde", so erinnert sie sich. Aber nach einigen Minuten Marsch durch den brusthohen Schnee, die Kinder mit Nylonstrümpfen an die Mutter gebunden, erreichen sie eine Straße, auf der – Gott sei Dank – wirklich Busse stehen.

Wer aber nun glaubt, jetzt wäre alles vorbei, der irrt: Die Gestrandeten werden in den Bahnhof von Bergen gebracht, in einen ungeheizten Raum mit großer Flügeltüre, durch die es eiskalt hereinzieht. „Und als wir dann sahen, dass sich niemand um uns kümmerte, dass sogar das Mitropa-Restaurant geschlossen hatte, da schlug die Stimmung in Wut um", erzählt die Mutter. Erst weitere zwei Zugfahrten später, eine davon in einem Viehwagon, erreichen die drei – nach einer am Ende über fünf Tage dauernden Odyssee – ihr Ziel, das Ostseebad Binz. „Damals habe ich mir geschworen: Im Winter fährst Du nie wieder weg."

Auch beim Nachbarn auf der anderen Seite des antifaschistischen Grenzwalls war das Chaos total: Drei Tage lang schneite es ununterbrochen, der ganze Norden lag unter einer dichten Schneedecke, in Großstädten wie Kiel oder Hamburg ging nichts mehr. Die Tagesschau sendete Luftbilder von der Autobahn, die eine endlose Schlange von Autos zeigten, die alle bis zum Dach eingeschneit waren. Und dazwischen immer wieder ein geöffnetes Seitenfenster, aus dem hilfesuchend eine Jacke geschwenkt wurde. Rettung kam erst durch einige Bundeswehrpanzer, die die Autobahnen abfuhren, Fahrrinnen freischoben, Autos und LKWs wegschleppten oder halberfrorene Autofahrer retteten.

Wer damals in Norddeutschland die Katastrophenberichterstattung verfolgte, dem wird Manuel Vandrey nicht mehr aus dem Kopf gegangen sein. Bei dem Bauer aus Lütjenburg, knapp 40 Kilometer östlich von Kiel, war der Strom ausgefallen, jetzt funktionierte keine Melkmaschine mehr.

Dann halt selber melken, denkt jetzt vielleicht der eine oder andere. Aber das ging nicht. Zum einem schafft selbst der Kräftigste nur einige wenige Tiere, zum anderen lassen sich Kühe, die die Melkmaschine gewöhnt sind, meist gar nicht mehr von Hand melken. Und so war Bauer Vandrey voller Hoffnung, als sich ein Hubschrauber seinem Hof näherte und landete. „Könnt ihr helfen?", rief er den Männern entgegen, doch die Männer waren ein Kamerateam des Norddeutschen Rundfunks und keine Katastrophenhelfer. Und so zeigen deren Bilder einen völlig verzweifelten Mann, der ruhelos vor seinem Hof auf und ab geht. „Glauben Sie, dass noch jemand kommt?", ruft er weinend in die Kamera, „Die Kühe stehen im Stall und brüllen." Wer diese Bilder gesehen hat, vergisst sie nicht mehr. Und bekommt eine leise Ahnung davon, was passiert, wenn es bei uns zu einem flächendeckenden Stromausfall kommen würde – ganz egal, ob durch Sturm, Schnee oder einen feindlichen Hackerangriff.

Der verzweifelte Bauer hatte schließlich Glück: Ein zweiter Hubschrauber näherte sich seinem Hof und setzte ein Stromaggregat ab – Manuel Vandrey und seine Kühe waren gerettet.

Auch in der DDR bricht die Energieversorgung zusammen – und zwar flächendeckend. Schuld daran war die Ölpreiskrise von 1973, als die arabischen Ölstaaten den Westen zwingen wollten, ihre Unterstützung für Israel aufzugeben. In der Folge stiegen die Preise für Öl und Gas um mehr als das Doppelte – zu viel für die wirtschaftlich angeschlagene DDR. Deshalb beschloss die Parteiführung damals, sich von Importen unabhängig zu machen und stattdessen auf eigene Energievorräte zu setzen. Und das hieß: Braunkohleförderung um jeden Preis, alle Kraftwerke wurden auf die heimische Kohle umgestellt.

Jetzt, fünf Jahre später, rächte sich das. Denn Braunkohle hat einen gewaltigen Nachteil: Sie hat einen Wassergehalt von rund 60 Prozent und da sie oberirdisch im Tagebau abgebaut wird, ist sie der Kälte ungeschützt preisgegeben. Das hieß: Das Wasser in den Kohlevorkommen gefror, die Kohleschichten waren jetzt steinhart und ließen sich nicht mehr mit den üblichen Baggern auseinanderreißen. Mit fatalen Folgen: Nach und nach brach die gesamte Energieversorgung zusammen, weil kein Nachschub mehr kam: In der Silvesternacht stand die DDR vor dem totalen Blackout. Dass es dann doch nicht dazu kam, ist einer skurrilen, damals eigentlich völlig undenkbaren Begebenheit zu verdanken.

Dieter Baumann, Dispatcher der Vereinigung Volkseigener Betriebe (VVB) Braunkohle erinnert sich an ein Telefonat aus Berlin: Der stellvertretende Ministerpräsident rief an und fragte, wie man die schwierige Situation in Griff bekommen könnte – auch ungewöhnliche Vorschläge seinen ausdrücklich willkommen. Das ließen sich die Männer vor Ort nicht zweimal sagen. „Zufälligerweise hatten wir Zugang zu einem Otto-Katalog aus dem Westen, in dem auch schweres Bohrgerät angeboten wurden", erzählt Baumann in der MDR-Doku. Mit 500 Otto-Bohrhämmern könnte man die gefrorene Braunkohle wohl auseinander kriegen, so wurde der Führung beschieden. Einige Stunden später rief das Ministerium erneut an: Drei LKWs mit der erwünschten Ladung seien zu den Kumpels unterwegs. So war es hastig angekaufte Westware, die in der DDR eine noch größere Katastrophe verhinderte.

Windsysteme

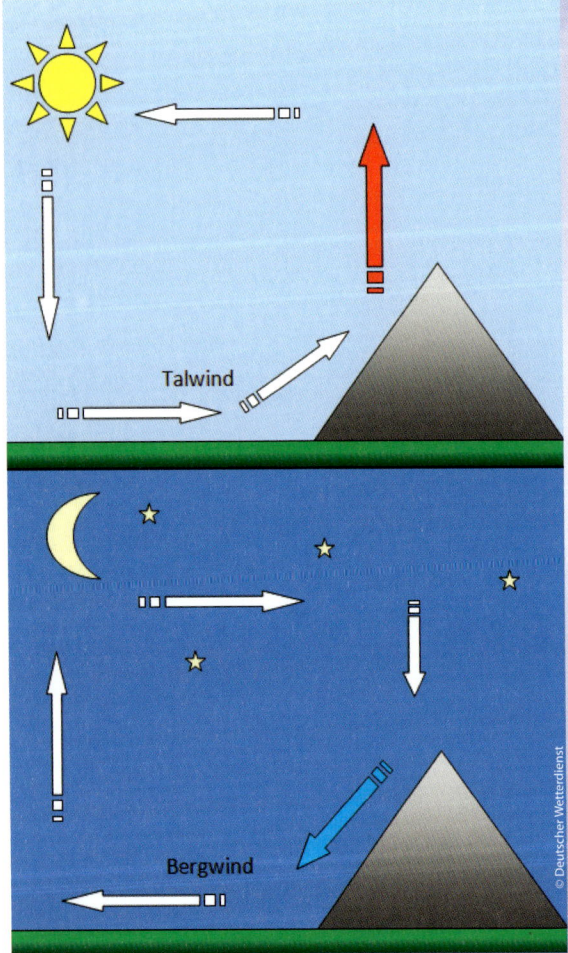

Am Tag von hier, nachts von dort: Die Grafik zeigt, wie Winde in den Alpen die Richtung wechseln.

Dass der Wind direkt vom Hoch ins Tief will und die kuriose Corioliskraft das eifrig zu verhindern versucht, geht uns immer mehr in Fleisch und Blut über. Die globale Zirkulation der Luft in unserer Atmosphäre ist für uns an dieser Stelle fast schon wie ein offenes Buch. Aber wie läuft es im Kleinen ab? Eigentlich ganz ähnlich, nur dass die von der Masse der beteiligten Luft abhängige Corioliskraft bei lokalen Windsystemen an Bedeutung verliert – und damit manchem Wetterinteressierten das Leben leichter macht. Ein lokales Windsystem kennt jeder, der schon mal einen Sommerurlaub an der See verbracht hat: die Land-Seewind-Zirkulation. An schönen Tagen erlebt man oft, dass es vormittags rasch warm wird und man sich flott einem Sonnenbad hingeben kann. Doch kaum ist es gegen 11 Uhr richtig mollig warm, setzt ein unangenehmer Wind von der See her ein. Die Temperaturen sinken, obwohl der Himmel unverändert klar ist. Meist fangen wir dann an, nach T-Shirt, Pullover oder Jacke zu kramen und können am frühen Nachmittag oft sogar Schaumkronen auf dem Wasser beobachten, das anfangs noch platt wie ein Ententeich vor uns lag. Was ist passiert? Die Sonne hat die Landmasse erwärmt und das am späteren Vormittag so stark, dass die warme und deshalb leichter gewordene Luft aufzusteigen beginnt. Aber wenn das passiert, „fehlt" am Boden ja plötzlich Luft und deshalb muss neue „herangeschafft" werden, da die Natur keine luftarmen oder gar luftleeren Gebiete mag. Ergo: Luft setzt sich vom Meer her in Bewegung, um Ersatz für die aufgestiegene Luft zu liefern. Da sich das Meer durch die Sonne kaum aufwärmt, ist die herangewehte Luft entsprechend frisch. Für die über dem Wasser „abgezogene" Luft muss es nun auch Nachschub geben und zwar von oben – die Luft

sinkt hier also ab. Dadurch fehlt jedoch dort oben wieder Luft und die kann nun prima durch die aufsteigende Luft über Land ersetzt werden. Kurzum: Es ist ein Tief über Land (aufsteigende Luft) und ein Hoch über dem Wasser (absinkende Luft) entstanden und das bewirkt eine geschlossene Zirkulation, eben die Land-Seewind-Zirkulation. Die Luft strömt nun in dieser Weise immer weiter, bis die Energiezufuhr durch die Sonne abends nachlässt. Dabei spielt die Corioliskraft, wie oben bereits bemerkt, nun keine messbare Rolle und so strömt die Luft quasi direkt der Druckgradientkraft folgend vom Hoch zum Tief. Nachts dreht sich alles um, denn da ist das Wasser ja wärmer als das Land.

Wer es etwas genauer wissen will: Wasser erwärmt sich langsamer als Luft und kühlt auch langsamer wieder ab. Jeder kennt das: Im Mai ist das Baden an Nord- und Ostsee trotz möglicherweise schon sehr hoher Lufttemperatur eine Sache für die Hartgesottenen, denn es werden im Wasser oft nur 10–13 °C gemessen. Im September hingegen ist die Luft längst kühler als im Hochsommer, die Wassertemperatur beträgt aber mühelos 17–20 °C. Das liegt an der hohen spezifischen Wärmekapazität von Wasser. Das ist eine physikalische Größe, die beschreibt, wie viel Wärme von einem Stoff aufgenommen (abgegeben) werden muss, um ihn um ein Grad Celsius zu erwärmen (abzukühlen). Dieser Wert ist stoffabhängig und ist bei Wasser etwa 4-mal höher als bei Luft. Ein anderes lokales Windsystem kennt man im Gebirge, nämlich die Berg-Talwind-Zirkulation. Zu verhältnismäßig früher Stunde werden die schräg stehenden und damit der Sonne besser ausgesetzten Berghänge rasch erwärmt und die Luft beginnt aufzusteigen. Die nun „verschwundene" Luft wird durch Luftmassen aus dem Tal ersetzt – der Talwind ist entstanden, der tagsüber im Sommer in den Alpentälern richtig kräftig blasen kann. Als Gleitschirmflieger kann ich ein Lied davon singen. Oben am Startplatz könnte man prima los, dem Piloteur weht ein angenehmes Lüftchen ganz ideal entgegen. Doch wehe dem, der keinen Landeplatz oberhalb des kräftigen Talwindes kennt. Dringt man nämlich beim Landeanflug in die unteren von dieser starken Strömung betroffenen Schichten ein, kann ein Flug durchaus ein jähes, ungeplantes und gefährliches Ende nehmen, da der Schirm den Windgeschwindigkeiten und Turbulenzen in keiner Weise gewachsen ist. Abends schläft der Talwind wieder ein und die sich am Berghang abkühlende Luft beginnt quasi den Berg „runterzurutschen" – der Bergwind setzt ein, bis zum nächsten Vormittag …

WESTLAGE – (LEIDER) UNSERE NR. 1

Sie ist der Wilde Westen unter den Großwetterlagen. Das heißt: Sie ist nicht Hauptverursacher von ruhigem Freibadwetter – im Gegenteil. Die Westwinde bringen oft feuchtes, unbeständiges Wetter – allerdings sorgen sie auch dafür, dass wir in einer äußerst fruchtbaren Region leben, in der Wassermangel eher die Ausnahme ist.

Wie der Westen unser Wetter bestimmt

Drei Wetterlagen – Nord, Ost und Süd – hatten wir schon; es fehlt noch eine, nämlich die, die hauptsächlich für unser Wetter in Mitteleuropa zuständig ist: die Westlage. Sie ist – je nach Jahreszeit – bis zu 50 % für unser Wetter verantwortlich. Eine Erklärung, warum der Wind bei uns überdurchschnittlich häufig von dort weht, finden Sie in der Infobox auf Seite 32 ff.

Was unterscheidet nun den Westwind zum Beispiel vom Ostwind? Antwort: die Fläche, die er überstreicht. Denn die sieht im Osten diametral anders aus als im Westen. Beim Ostwind sind das die unvorstellbaren Weiten Russlands, alles trockene Landfläche, gerade mal ein paar Flüsse dazwischen. Und jetzt stellen Sie sich kurz vor, Sie würden an der irischen oder französischen Atlantikküste stehen und nach Westen blicken: Was sehen Sie da? Richtig, Wasser. Und noch einmal Wasser – über Tausende Kilometer Wasser, bis Amerika kommt. Für den Wind, der aus dieser Richtung bläst, heißt das: Er weht – egal ob er dabei aus südwestlicher oder eher nordwestlicher Richtung kommt – über eine endlos scheinende Wasserfläche und saugt sich dabei voll. Dies ist gemeint, wenn Sie den Begriff „feuchte Meeresluft" hören. Und die gestaltet sich bei uns ganz unterschiedlich: als wechselhaftes Wetter, als Landregen, als Kaltfront. Oder als ausgewachsener Sturm, wie 1999 „Lothar". Oder – noch schlimmer – wie im Winter 1962 „Vincinette".

Westlage – (leider) unsere Nr. 1

Der Damm an der Harburger Chaussee im Hamburger Stadtteil Wilhelmsburg: Hier nahm eine der schlimmsten Überschwemmungskatastrophen in Deutschland ihren Anfang.

Wie die „Siegreiche" Hamburg überfiel

Land unter: Eine Wilhelmsburger Metzgerei 1962 … … und heute. Das Wasser kam ohne Vorwarnung.

Schon am Nachmittag des 15. Februar 1962 ist den Meteorologen klar, dass sich der deutschen Nordseeküste ein gewaltiges Sturmtief aus Nordwesten nähert – „Vincinette", auf Deutsch: die Siegreiche, mit Windstärken bis zu 12 Beaufort, das heißt: Orkan. Damit sind bereits zwei Hauptgründe genannt, warum dieser Sturm in den nächsten Tagen über 300 Hamburgern das Leben kosten wird.

Erster Grund: die Distanz zur Nordseeküste. Hamburg liegt rund 100 Kilometer vom Meer entfernt. Und so weit im Landesinneren würde das aufgewühlte Meer ja wohl keine größeren Schäden anrichten können – glaubte man zumindest.

Zweiter Grund: die Windrichtung. „Vincinette" erreicht die Deutsche Bucht zu einem Zeitpunkt, als die Mittagsflut gerade abläuft. Da der Sturm aus Nordwesten kommt, bläst er genau in den Trichter der Elbmündung hinein. Er drängt das Wasser, das aus der Elbe ins Meer fließen will, geradewegs wieder in den Fluss zurück. Es entsteht ein Rückstau bis tief hinein ins Landesinnere – ein Vorgang, dessen zerstörerische Wucht sich erst nach weiteren 12 Stunden entfalten würde. Denn da kommt die nächste Flut und wird den Wasserstand der Elbe auf ein Rekordhoch treiben.

In Hamburg hatte man sich gegen eine Sturmfluthöhe von 5,70 Meter abgesichert, ein Pegelstand, den man für unwahrscheinlich hielt. Bis „Vincinette"

Sturmtief „Vincinette": An über 50 Stellen brachen die Hamburger Hochwasserdämme.

kam. Denn die Kombination „nicht abgelaufenes Wasser der alten Flut" plus „Wasser der neuen Flut" ließ den Pegel auf 5 Meter 73 steigen, also drei Zentimeter drüber. Und dazu kam dann noch der Orkan. Seine Böen türmten auf der Elbe Wellen von weiteren 1,60 Metern Höhe auf. Was da also auf Hamburg zulief, war eine aufgewühlte Wasserwand, die die schützenden Deiche überragte. Und: Sie kam mitten in der Nacht.

Die Tragödie hatte ihren Ausgangspunkt bereits

Anhand einer alten Wetterkarte erläutert Sven Plöger, wie es zu der verheerenden Sturmflut kam, die in Hamburg 315 Menschenleben forderte.

Unter den Flutopfern waren auch Tausende Tiere, vor allem Kühe oder Schafe, die auf ihren Weiden oder in ihren Ställen ertranken.

Der Hauptgrund für die hohen Opferzahlen: Da Hamburg über 100 Kilometer vom Meer entfernt liegt, rechnete man hier nicht mit solchen Flutwassermassen.

Der Stadtteil Wilhelmsburg wurde besonders hart getroffen, weil er sehr tief liegt und deshalb wie eine Wanne vollgelaufen war.

Hilfslieferungen per Boot, Wasser bis in den ersten Stock: Der Wilhelmsburger Gerhardt Wendt hielt das Geschehen in seiner Nachbarschaft fest.

in den Morgenstunden des 16. Februar. Weil man Hamburg ja für sicher hielt, bezogen sich alle Sturmwarnungen, die vom Seewetteramt Hamburg im Drei-Stunden-Takt mit steigenden Sturmflutprognosen ausgegeben wurden, auf die Küste. Dort aber war man es gewohnt, selbst schwerste Stürme abzuwettern, und besaß das Knowhow, sich darauf einzurichten. Auf der Hallig Langeneß zum Beispiel begann Fiede Nissen mit seinen Eltern und Geschwistern Fenster und Türen zuzunageln. Als er dann aber sah, wie das Wasser durch alle Ritzen in das Bauernhaus eindrang, da war ihm klar: Einen solchen Sturm hatten er und die anderen Halligbewohner noch nie erlebt. Dennoch: Keiner von ihnen kam zu Schaden. Denn man war nicht nur auf Extremereignisse

eingerichtet, man schloss eben auch nicht aus, dass es immer noch eine Spur schlimmer kommen könnte als beim bislang schlimmsten Unwetter. 100 Kilometer weiter landeinwärts ist das anders. Die Großstädter gehen – Sturmwarnung hin, Flutwarnung her – in das Wochenende. Es ist schließlich Freitag, auf St. Pauli wird ausgiebig Fasching gefeiert, die Kneipen sind voll und im Fernsehen läuft der Straßenfeger „Familie Hesselbach". Derweil wird die Situation draußen immer brenzliger: Der Sturm lässt erste Masten und Bäume kippen, Dachziegel fliegen durch die Gegend. Die Hesselbachs zu unterbrechen, das traut man sich beim NDR nicht, aber man nützt eine Pause bei einer Opern-Liveübertragung im Radio und sendet um 20:33 Uhr eine Meldung, die vor einer „sehr schweren Sturmflut" an der Nordseeküste warnt. Aber: Wieder nur Küste, wieder kein Wort von Hamburg.

An der Küste ist man besser vorbereitet. Kurz vor 23 Uhr bricht in Cuxhafen der erste Deich, Wasser schießt in die Stadt. Doch in Cuxhafen hatten schon um 21:20 die Sirenen geheult. Jeder Einwohner war sich der Gefahr bewusst und konnte entsprechend reagieren.

Und in Hamburg? Hier geht man ungewarnt schlafen. Und so bekommen die wenigsten mit, wie gegen 1:30 Uhr gewaltige Wassermassen gegen die Hamburger Deiche anbranden und sie an über 50 Stellen zusammenbrechen lassen. Betroffen sind hauptsächlich die Stadtteile Altenwerder, Wilhelmsburg, Waltershof, Billbrook, Neuenfelde, Finkenwerder. Dort werden in dieser Nacht 315 Menschen sterben, einfach deshalb,

Gerhardt Wendt zeigt Sven Plöger seine Sturmflutfotos.

Eine Szene, die eher an amerikanische Hurrikans erinnert als an eine Sturmflut im deutschen Norden: „Land unter" in Wilhelmsburg.

weil sie ohne eine Ahnung dessen, was da auf Hamburg zukam, ins Bett gegangen waren.

Am schlimmsten betroffen war Wilhelmsburg, ein Stadtteil im Hafengebiet mit gleich mehreren Besonderheiten: Er ist eine der größten bewohnten Flussinseln Europas, das heißt: Die 60 000 Bewohner von Wilhelmsburg sind von allen Seiten von Wasser umgeben. Und: Ein großer Teil des Stadtgebiets liegt sehr tief. Was die Lage noch dramatisch verschärft, ist der Umstand, dass dort viele sozial Schwache leben, Flüchtlinge aus dem Osten und Hamburger, die in dem Bombennächten von 1943 obdachlos geworden waren. Sie wohnten hier seit Jahren in einfachsten Notquartieren, kleine, meist einstöckige Lauben ohne festes Fundament mit dünnen Wänden.

Als gegen 1:30 Uhr in Wilhelmsburg ein Damm auf eine Länge von 300 Metern bricht, schießt das Wasser mit einer unvorstellbaren Wucht in diese tiefgelegenen Viertel, reißt alles mit, was sich ihm in den Weg stellt, Straßenlaternen, Autos, Bäume – und eben die leichten Lauben der Flüchtlinge und Bombenopfer.

Wer von selbst aufwacht oder von den Schreien der Nachbarn geweckt wurde, steht nun vor der Wahl: Raus auf die Straße oder bleiben und versuchen, aufs Dach zu kommen. In den nächsten Minuten zeigt sich: Beide Alternativen können sowohl Rettung als auch Tod bedeuten. Da ist das fürchterliche Schicksal des Vaters, der mit seinen sieben Kindern versucht, einen nahegelegenen Damm zu erreichen und miterleben muss, wie fünf seiner Kinder, eines nach dem anderen, von den Wassermassen mitgerissen wird. Oder zwei Menschen, die stundenlang völlig durchnässt auf dem Flachdach auf Rettung gewartet hatten und schließlich erfroren waren. Viele solcher Tragödien erleben die Wilhelmsburger,

220 von ihnen werden die Schreckensnacht nicht überstehen – damit ist Wilhelmsburg der seinerzeit am schlimmsten betroffene Stadtteil Hamburgs.

Dass die Opferzahlen nicht in die Tausende hochschnellten, verdanken die Hamburger ihrem Innensenator Helmut Schmidt. Als er am frühen Morgen in der Einsatzzentrale auftaucht, erkennt er schnell die Lage: Tausende Hamburger haben sich auf die Dächer ihrer Häuser gerettet, aber nun beginnen die Temperaturen zu fallen. Das bedeutet: Man musste diese Menschen da oben so schnell wie möglich bergen. Und Schmidt sah auch, dass dies mit Schlauchbooten viel zu lange dauern würde – kurz: Eine Rettung war nur aus der Luft möglich. Allerdings: In und um Hamburg gab es kaum Hubschrauber. Den Verantwortlichen begann die Zeit davonzulaufen.

Doch in dieser chaotischen Situation lief Helmut Schmidt zur vollen Größe auf. Er machte er etwas, was sich kein anderer getraut hätte: Er rief im Brüsseler NATO-Hauptquartier an und bat um 100 Hubschrauber.

Und er war dabei so überzeugend, dass die Militärs ihn nicht für einen hysterischen Zivilisten hielten, sondern ohne lange zu fackeln seiner Einschätzung folgten. Kurz nach dem Telefonat stieg eine Armada von 100 Helikoptern auf und nahm Kurs auf die Hansestadt. Was dann passierte, das treibt heute noch jedem Hamburger, der die Katastrophe miterlebt hatte, die Tränen in die Augen. Die internationalen Hubschrauberbesatzungen flogen ohne Pausen, unter Missachtung jeglicher Sicherheitsvorschriften, bis an den Rand der Erschöpfung Einsatz um Einsatz, steuerten mit halsbrecherischen Manövern Giebeldächer an, wo sie – ein Reifen gegen die Schindeln gedrückt, den Rest in dem tobenden Sturm in Balance haltend – Tausende Hamburger in die Maschinen zogen oder ihnen warme Decken und Nahrungsmittel zuwarfen, damit sie die Wartezeit bis zu ihrer Rettung überstanden.

So stand am Ende einer Katastrophe, die durch eine fatale Fehleinschätzung der Naturgewalt Wind ihren Lauf genommen hatte, eine logistische Meisterleistung, die alles überstrahlt. Und heute? Könnte sich eine solche Katastrophe wiederholen? Auf jeden Fall sind die Verantwortlichen demütiger gegenüber den Naturkräften geworden, man weiß jetzt besser, wie unkalkulierbar sie sind. In den Jahren nach der Sturmflut wurden die Dämme in Hamburg erhöht, von damals 5,70 Meter auf heute 7,20 Meter. Und hier wird mit großer Wahrscheinlichkeit noch nicht Schluss sein. So warnte zum Beispiel im Mai 2017 das Bundesamt für Seeschifffahrt und Hydrographie (BSH), dass der Meeresspiegel nicht – wie bislang angenommen – bis Ende des Jahrhunderts um einen Meter steigen könnte, sondern nach neuesten Berechnungen sogar um 1,70 (!) Meter. Das heißt: Die Küstenregionen werden sich weltweit zu Brennpunkten des Klimawandels entwickeln.

Baltimore im Südwesten Irlands: Vorgelagert ist der Fastnet Rock (unten), der 1979 zum Schauplatz der größten Katastrophe der Segelsportgeschichte wurde. Damals mit dabei: der Hamburger Svante Domizlaff (oben rechts).

▬ Wie Sturmtief „Y" aus einer Regatta die schlimmste Katastrophe des Segelsports machte

Der Westwind schrieb auch eine Geschichte, die zeigt, wie ein Sturm nicht nur Häuser, Bäume oder Schiffe zerstören kann, sondern auch zwischenmenschliche Beziehungen und Grundregeln des gesellschaftlichen Miteinanders. Es ist die Geschichte von Nick Ward, einem Teilnehmer an der Fastnet-Regatta 1979, die als größte Katastrophe in die Geschichte des Segelsports eingehen sollte.

Fast 30 Jahre hatte es gedauert, bis Ward darüber reden konnte, was an Bord der „Grimalkin" geschah, nachdem unverhofft ein Orkan das Rennen in eine Hölle verwandelt hatte. Der Titel seines Buchs „Allein mit dem Tod" gibt schon einen ersten Hinweis darauf, dass er Fürchterliches erlebt haben muss – doch der Reihe nach.

Seit 1925 veranstalten zwei englische Traditionssegelclubs, der Royal Ocean Racing Club und die Royal Yacht Squadron, alle zwei Jahre diese Regatta, die im Solent, einer Meerenge zwischen Southampton und der Isle of White, gestartet wird. An der Südküste Englands entlang führt der Kurs, dann raus auf die keltische See bis zur Wendemarke „Fastnet Rock", einem gewaltigen Leuchtturm auf einem Felsen weit vor der Südwestküste Irlands – und dann wieder zurück.

Insgesamt 600 Seemeilen, rund 1100 Kilometer, liegen vor den 303 startenden Yachten, die sich 1979 angemeldet hatten. Das Rennen wäre lediglich als die 28. Auflage eines Klassikers in Erinnerung geblieben, wenn da nicht ein kleines Tief gewesen wäre, dessen Entwicklung von den britischen Meteorologen falsch eingeschätzt wurde – und das machte aus dem Sportevent eine Tragödie mit insgesamt 19 Toten.

Tief „Y", wie es die Meteorologen tauften, hatte durchaus ein „Vorstrafenregister": Am 10. August, dem Tag vor dem Fastnet-Startschuss, hatte es bereits mit Windstärke 11 in New York und New Jersey gewütet und große Sachschäden angerichtet. Am 11. August befand sich das kleine Tief be-

Auf dem Weg zum Fastnet Rock: Dieser Leuchtturm war zu Zeiten der großen Auswanderungsdampfer der letzte Zipfel Europas, den die Migranten sahen.

reits über dem kanadischen Halifax und nahm Kurs auf Europa.

Kurz vor 14 Uhr war an diesem Samstag im Solent der Startschuss gefallen. Der restliche Nachmittag, der ganze Sonntag und der Montagmorgen unterschieden sich kaum von anderen Regattatagen, mal mehr Wind, mal weniger. Doch dann, am Spätnachmittag des 13. August, fiel den Seglern ein ungewöhnlicher Himmel auf: „Die Rot-, Orange- und Ockertöne waren unheimlich und spektakulär zugleich … Keiner von uns hatte je einen Himmel gesehen, der an diese Farben herankam", schreibt Nick Ward in seinem Buch „Allein mit dem Tod" (Bielefeld 2013, S. 50). Keinem der Besatzungsmitglieder war in diesem Moment klar, dass dieses wunderschöne Naturschauspiel nichts anders war als ein Blick in den Vorhof der Hölle. Denn was sich hier näherte, war „Y".

Die Meteorologen hatten das Tief „Y" von Anfang an nicht sehr ernst genommen, weil nördlich der Britischen Inseln das riesige Tief „X" lag, das den kleinen Ausreißer wohl abdrängen oder aufsaugen würde. Doch dann blieb „X" plötzlich stehen und wurde von „Y" überholt. Am Montag, dem 13. August, gegen 13:30 Uhr, wurde den diensthabenden Meteorologen der britischen Wetterwarte klar, dass hier ein Sturm im Anzug war. Dann passierte aber etwas, was in Behörden besonders gerne zu passieren scheint: Man hatte den offiziellen Seewetterbericht, der täglich um 13:55 ausgestrahlt wurde, bereits der BBC zugeleitet, also beschloss man in der Wetterwarte, die neuen Erkenntnisse erst in der nächsten Lieferung zu verarbeiten.

So kam es, dass alle Fastnet-Teilnehmer um 13:55 Uhr eine Wetterprognose erhielten, die von einem Südwestwind der Stärke 3 bis 4, später zunehmend auf 6 bis 7 sprach – kein Wort von dem gefährlichen Tief, das sich da südwestlich der Britischen Inseln zusammenbraute und geradewegs auf das Regattagebiet zulief. In der 17:55 Uhr-Ausgabe war die Prognose bereits nach oben korrigiert worden: 4 bis 6, später auffrischend auf 8 – immer noch kein Grund, um sich auf der „Grimalkin" Sorgen zu machen: „Mit Stärke 8 waren wir vorher schon oft fertig geworden" (Ward, S. 51).

Doch dann drehte eines der Crewmitglieder am Funkgerät – und bekam durch Zufall den französischen Wetterbericht: „Der Sprecher wiederholte die eindeutige Warnung: Windstärke 10 ... Wie alle Segler, die an dieser Regatta teilnahmen, kannten wir den tödlichen Unterschied zwischen einem stürmischen Wind von Stärke 8 und einem ausgewachsenen Sturm von Stärke 10. Windstärke 8 war nicht mehr als ein schlimmer Kopfschmerz, Windstärke 10 dagegen eine Gehirnblutung. Der Wind und ganz besonders der Seegang würden sich mindestens verdoppeln. Eine kleine Yacht hatte bei solchem Wetter nichts auf See zu suchen" (Ward, S. 53).

Aber: Sie waren bereits zu weit draußen, ein Zurück gab es nicht mehr. Weit vor der „Grimalkin", auf der „Tina" waren die Wetterveränderungen

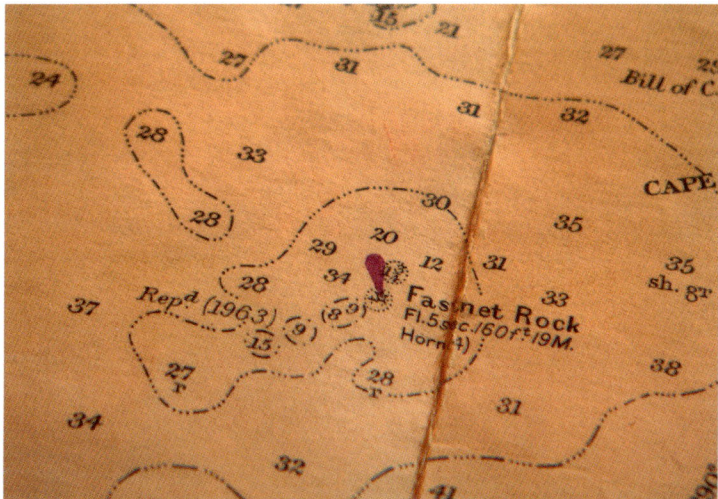

Das Seegebiet um den Fastnet Rock: Zu weit weg vom Festland, um umzukehren – hier wurden Yachten wie die „Grimalkin" (unten) von Sturmtief „Y" überrascht.

ebenfalls mit Unruhe zur Kenntnis genommen worden. Die Hamburger Yacht hatte große sportliche Ambitionen: Die Crew segelte beim Admiral's Cup mit um die besten Plätze. Als das Schiff gegen Mitternacht den Fastnet-Felsen erreichte, herrschte bereits schwerer Sturm. Die Umrundung klappte noch gut, doch nach einer weiteren Stunde waren sie mitten in „Y". Crewmitglied Svante Domizlaff, damals 29 Jahre alt, erinnert sich: „Jetzt brach das Chaos los. Mit drei Reffs im Großsegel und der kleinsten Fock raste die ‚Tina' mit geradezu irrwitziger Fahrt durch die See… Der Windanzeiger sprang in Böen auf 60 Knoten – Windstärke 12, voller Orkan… Das Schiff war ständig von Brechern eingehüllt. Die Wogen um uns hatten eine kaum zu begreifende Höhe; es schien, als brächen dreistöckige Wohnhäuser über uns herein. Gischt und Regen fetzten waagrecht über die See und trafen unsere Gesichter wie Schrotladungen" (Svante Domizlaff, Yachten im Sturm, Bielefeld 1999, S. 11).

Auch im Interview für die Fernsehdoku erzählte Domizlaff von dieser Nacht. Wie sich die Crew im Alubauch der Yacht verschanzte, wie einer beim Wachwechsel genau in dem Moment von einem Brecher erwischt wurde, als er seinen Rettungsgurt aus- und woanders einklinken wollte. „Er wurde übers Deck gespült und blieb mit der Brust an einer Relingsverstrebung hängen, so dass wir ihn wieder hereinziehen konnten." Wie die Brecher eine solche Wucht entwickelten, dass sie der „Tina" riesige Beulen in den Aluleib schlugen: „Wir haben später mal nachgerechnet: Wenn ein solcher Brecher das Schiff traf, dann war das so, als wenn man in einem Auto mit 50 km/h gegen die Bordwand gefahren wäre."

Ein Schiff normal zu steuern und auf Kurs zu halten, ist in einem solchen Inferno nicht mehr möglich. Die Hauptaufgabe des Mannes oder der Frau am Ruder ist jetzt, das gefürchtete Querschlagen zu vermeiden, zu verhindern, dass das Schiff seitlich von einer Welle getroffen wird, sich so stark zur Seite neigt, dass es sich nicht mehr aufrichten kann, bevor die nächste Welle kommt und das Schiff kentern lässt. Denn das bedeutet das größtmögliche Chaos: Unter Deck fliegen Konservendosen, Instrumente, Schuhe, Geschirr, Werkzeug wie Projektile durch die Kajüte, bei der der Fußboden innerhalb von Sekunden wechselweise zur Seitenwand oder Decke wird, und dazu schießt Wasser gleich in Badewannenmengen den Niedergang herunter. Und auf Deck ist die Gefahr groß, dass der Mast und das Ruder brechen. Dann hat man überhaupt keine Möglichkeit mehr, das Schiff zu kontrollieren, es wird zum Treibgut in einer mörderischen See. Wenn sich das Schiff überhaupt wieder aufrichtete und nicht kieloben weiter trieb…

Der „Tina" blieb dieses Schicksal erspart, nicht aber der kleineren „Grimalkin". Gleich sieben Mal kenterte sie, jedesmal von einem 12 bis 15 Meter hohen Brecher erst zur Seite geworfen und dann

Der Baltimore Beacon: Vor dem Bau des Fastnet-Leuchtturms kennzeichnete dieser grellweiß gestrichene Steinturm die Einfahrt zu den Häfen hinter der wildzerklüfteten Küste von Cork.

einmal um die Längsachse durchs Wasser gedreht – aber: immer hatte sich das Schiff – mal schneller, mal langsamer – wieder aufgerichtet. Bei einem dieser Niederschläge war der Skipper, David Sheahan, von seinem Lifebelt („lebensrettender Gurt") unter Wasser gezogen worden. Um ihn zu retten, mussten ihn die anderen Crewmitglieder losschneiden. Es gelang ihnen aber nicht, in der tobenden See den schwer verletzten Mann an Bord zu hieven – hilflos musste die Crew mit ansehen, wie Sheahan abtrieb und vom nächsten Brecher mitgerissen wurde.

Dienstagfrüh war die „Grimalkin" wieder einmal gekentert, die beiden Crewmitglieder Gerry Winks und Nick Ward hingen danach bewusstlos in ihren Lifebelts. Und jetzt geschieht das Unfassbare: Die drei anderen Segler beschließen, das Boot aufzugeben und in die Rettungsinsel zu steigen. Hatten sie geprüft, ob Winks und Ward nicht doch noch am Leben waren? Oder war es ihnen einfach egal? Waren sie so panisch gewesen, dass es für sie nur noch ein „Bloß weg hier" gab? Bis heute gibt es keine Antwort darauf.

Sicher ist nur: Hätten sie sich um die beiden gekümmert, hätten sie schnell bemerken müssen, dass sie zwar verletzt waren – der eine leichter, Winks schwerer –, aber keinesfalls tot. Nun: Am Dienstag früh gegen 8 Uhr stießen sie sich ab

und überließen die schwer demolierte „Grimalkin" und ihre beiden Segelkameraden ihrem Schicksal. Ward erwachte als Erster aus der Bewusstlosigkeit. Was für ein Entsetzen muss das gewesen sein, als er feststellte, dass sie im Stich gelassen worden waren. Dass sie jetzt auch keine Rettungsinsel mehr hatten und somit auf Gedeih und Verderb dem total zerstörten Schiff ausgeliefert waren, das ohne Masten und voller Wasser pausenlos von den riesigen Wellen durchgeschüttelt wurde. In diesem Chaos gelang es Ward zwar noch, seinen Mitsegler aus der Bewusstlosigkeit zu

Wer vom Beacon aus nach Westen blickt, sieht den Grund, warum Westwinde meist feucht sind: Sie streichen mehrere Tausende Kilometer nur über offenes Meer.

reißen, doch Gerry Winks war so schwer verletzt, dass er kurz darauf starb.

„Allein mit dem Tod": Diesen Titel hat Nick Ward deshalb für sein Buch gewählt, weil er – 28 Jahre danach – beschreibt, wie er sich in der aufgewühlten See, in der die „Grimalkin" wie ein Spielball mal kentert, mal auf der Bugspitze, mal auf dem Heck reitet, mit seinem toten Freund die Lage diskutiert, ihm seine Lebensgeschichte erzählt oder ihn immer wieder aufs Gröbste beschimpft, weil er ihn allein gelassen hatte – das alles, um seine eigene Angst irgendwie in den Griff zu bekommen. Den ganzen Tag über geht das so, bis die „Grimalkin" am Abend von einer anderen Yacht entdeckt wird – dann kommt ein Rettungshubschrauber und Ward und sein toter Mitsegler werden geborgen.

Ende? Nein! Auch was danach geschah, möchte man kaum glauben: Keiner der drei Mitsegler von Ward, die von ihrer Rettungsinsel gerettet worden waren, meldete sich bei ihm, kein Wort der Entschuldigung, des Bedauern oder nur der Erklärung – nichts. Auch als 2007 die englische Originalausgabe des Buchs erschien – nichts. Bis heute ist das so geblieben – als hätte „Y" jede Menschlichkeit, jeglichen Respekt vor dem Leben, jedes Gefühl für Verantwortung oder Anstand einfach weggeblasen.

Bis heute gilt das Fastnet-Rennen von 1979 als größte Katastrophe in der Geschichte des Segelsports. 19 Tote – 15 Segler und 4 Helfer – waren zu beklagen, 75 Yachten waren gekentert, fünf davon sanken, von den 303 Startern kamen nur 86 ins Ziel. Trotz der vielen Opfer hatte auch diese Regatta einen Sieger: Es war der CNN-Gründer Ted Turner mit seiner Crew – the show had to go on.

WAS WIND MIT UNS MACHT

…"und wir mit ihm", müsste man noch hinzufügen. Denn „Wind" ist ein zweischneidiges Phänomen: Auf der einen Seite sind wir ihm ausgeliefert, durch Stürme oder Überflutungen, auf der anderen Seite lernte der Mensch, ihn clever zu nutzen. Wie in der Einleitung schon gesagt: Wer wusste, woher der Wind weht, war anderen gegenüber im Vorteil.

Was Wind mit uns alles machen kann – und wir mit ihm

Auch wenn Sie ein noch so profunder Kenner des britischen Fußballs sind: Der FC Thurrock dürfte Ihrer Aufmerksamkeit entgangen sein. Und dennoch – jede Wette! – kennen Sie den Torschützen, der den englischen Achtligisten aus Avely bei London am 17. November 2015 gegen den ebenso wenig bekannten FC Romford in Rückstand brachte: Wind! Genauer: Barney. So hieß der Sturm, der an diesem Herbstabend über die Insel zog – mit Böen bis zu 130 km/h. Und eine dieser Böen produzierte eines der verrücktesten Tore der Fußballgeschichte.
Auf youtube.com/watch?v=KFh5 llfOOrl können Sie sehen, wie Thurrock-Verteidiger Kamarl Duncan gerade einen weiten Pass nach vorne schlägt, der Ball verlässt den Bildausschnitt der Amateurkamera nach oben, wo er wohl auf den in Gegenrichtung wehenden „Barney" stößt. Denn plötzlich beginnen alle Spieler, die den Flug des Balls verfolgen, die Köpfe zu drehen und dann in Richtung Thurrock-Tor zurückzurennen. Auch die Kamera schwenkt mit: Man sieht Thurrock-Torhüter Rhys Madden aus seinem Tor rennen, dem Ball entgegen, der gerade wieder von oben in den Bildausschnitt einfliegt, vor dem Keeper aufspringt und – von einer weiteren Böe – ebenso elegant

Was hier so bedrohlich heranrauschte, hatte einen gemütlich klingenden Namen: „Barney" fegte im November 2015 über die Britischen Inseln – und wurde durch eine spektakuläre Szene weltberühmt.

wie unerreichbar über ihn weg gehoben wird – zum 1:0 für Romford. Schöner hätte das auch ein Ronaldo nicht hingekriegt. Das ist ein schön-skurriles Beispiel für die eine Seite von Wind: Was er mit uns macht. Es gibt aber auch noch die andere:

Was wir mit Wind machen. Wie er die Menschen immer wieder inspirierte, sie kreativ machte, Techniken zu entwickeln, ihn zu nutzen, im Guten und – auch das werden Sie sehen – auch im Schlechten.

Winds of Change: Was ein „iPhone" und ein „Galerieholländer" gemein haben

Woran denken Sie bei „Windmühle"? An holländische Landschaftsidyllen? An deutsches Liedgut? An Grimms Märchen? Mit hoher Wahrscheinlichkeit an „Eheschließung" – bei Google ist nämlich „Hochzeit" eine der häufigsten Kombinationen von „Windmühle".

Wie auch immer: „Mühle" ist in unseren Köpfen vorwiegend romantisch besetzt, sie ist ein liebenswertes Relikt aus einer Zeit, in der Technik noch nichts Bedrohliches hatte, sondern sich knubbelig-knarrend in die noch harmonische Landschaft des ausgehenden 16. und beginnenden 17. Jahrhunderts einfügte.

Doch die Menschen dieser Zeit sahen in der Windmühle so ziemlich genau das Gegenteil: Eine Hightech-Anlage, die das Leben so grundlegend veränderte wie kaum eine Errungenschaft davor. Um diesen so völlig anderen Blick auf dasselbe Bauwerk nachvollziehen zu können, empfiehlt sich eine gedankliche Reise in die Urzeit der Kommunikation – wir beamen uns zurück ins ferne Jahr 2007, Zieltag: der 9. Januar, Zielort:

Moscone Center, San Francisco. Dort läuft gerade das PR-Event, in dem Apple-Chef Steve Jobs gleich drei technische Revolutionen ankündigt: Einen Breitbild-iPod mit Touchscreen, ein revolutionäres Mobiltelefon und – drittens – ein

Was heute jeder kennt, wurde 2007 noch wie ein Weltwunder bestaunt – das iPhone.

Zwei Technik-Ikonen ihrer Zeit: Die Windmühle im 16. und das iPhone im 21. Jahrhundert. Interessant bei beiden Bildern: das Größenverhältnis von Mensch zu Maschine.

bahnbrechendes Internet-Kommunikationsgerät. „Drei Revolutionen", ruft er unter tosendem Jubel in die knallvolle Halle, „aber nur ein Gerät: Wir nennen es ‚iPhone'…"

Um sich kurz in die Technikwelt bis zu diesem 9.1.2007 einzufühlen: Zum Telefonieren gab's damals noch Telefone, zum Musikhören Walkmänner oder iPods, fürs Internet PCs, fürs Wecken Wecker, fürs Fotografieren Fotoapparate, fürs Filmen Kameras und fürs Fernsehgucken Fernseher … Und plötzlich verschmolz dieser geniale Kopf alles zu einem einzigen Gerät! Für viele war das ein kaum fassbares Wunder, das die bisher gekannte Welt grundlegend durcheinanderwirbelte.

Um jetzt die Kurve zurück zur Windmühle zu kriegen: So könnten auch die Menschen damals gestaunt haben. Denn: Was macht so eine Windmühle eigentlich? „Korn mahlen!". Jaaaa … auch …! Aber sie kann noch mehr, viel mehr: Sie fungiert als Wasserpumpe, um riesige, tief gelegene Sumpfgebiete für die Landwirtschaft nutzbar zu machen oder Grundwasser nach oben zu holen, sie treibt Sägewerke an, sie hebt den tonnenschweren Schmiedehammer und lässt ihn punktgenau fallen, sie presst Öl aus Samen, sie drischt Getreide, sie lässt sich als Drehbankantrieb oder Blechwalze nutzen und – ja – man kann mit ihr auch Mehl herstellen. So muss die Windmühle auf die Zeitgenossen gewirkt haben: Als eine Supermaschine mit breitestem Anwendungsspektrum, eben so etwas wie das iPhone der beginnenden Neuzeit – eine Revolution, nur auf der Basis von „Wind" statt Silizium.

Zugegeben: Die meisten Windmühlenfunktionen ließen sich zwar auch schon durch Wasserkraft herstellen, aber jetzt konnte man – um es in der Fußballsprache auszudrücken – auch in der Tiefe des Raums operieren, man war nun unabhängig von dem Verlauf der Flüsse, ein ungeheurer Entwicklungsschub für das Hinterland. Mit dem Antrieb „Wind" hatte man jetzt überall – auf karstigen griechischen Inseln, im trocken-heißen Spanien, auf den topfebenen Marschen an der Atlantik- und Nordseeküste – Zugriff auf eine fulminante Energiequelle.

Und so verwundert es auch nicht, dass die beiden Technologien von ihren Zeitgenossen durchaus ähnlich in Szene gesetzt wurden: Als Monolith, der alles andere überragt.

Die Krönung der Windmühlentechnik ist sicherlich der „Galerieholländer", ein Windmühlentyp, bei dem der ganze Aufbau drehbar auf einem festen Fundament ruht und sich nach dem Wind ausrichtet. Auf der Außengalerie stellt der Müller dann – je nach Windstärke – die Segel an den Mühlenflügeln ein.

Wie komplex diese Wunderwerke schon damals waren, kann jeder nachempfinden, wenn er auf eine der vielen Mühlenseiten geht, zum Beispiel auf http://www.muehlenverein-selfkant.de/Wissenswertes/Mühlenaufbau.html. Da fliegen einem die Fachbegriffe nur so um die Ohren: Flügel-

Links: Eine klassische Rahtakelung, wie sie bei alten Segelschiffen verwendet wurde. Hier standen die Segel quer zur Längsachse, im Gegensatz zur modernen Schrattakelung (rechts unten), bei der die Segel parallel zur Längsachse stehen und die Sogwirkung des Bernoulli-Effekts nutzen (rechts oben): Die Luft, die den längeren Weg über die Wölbung zurücklegen muss (also hinter dem Segel rum), erzeugt einen Unterdruck.

welle, Königswelle, Wellenkopf, Kammrad, Stirnrad, Läuferstein, Lieger, Schwichtbalken, Katzenstein, „Bürgermeister", Rüttelschuh, Krühhaspel, Bunkler, Storchennest …

Das Faszinierende an dieser Technik: Im Gegensatz zum iPhone kann man bei der Windmühle nicht sagen, es sei eine Erfindung von Herrn X, Frau Y oder eines Entwicklungslabors der Firma Z. Diese Technologie ist vielmehr das Ergebnis aus jahrhundertelangem Probieren und Optimieren, es ist Maschine gewordener Erfahrungs- und Erkenntnisgewinn aus vielen User-Generationen, echte Share Technology. Und irgendwann am Ende dieses langen Prozesses stand dann ein Produkt, auf das das schöne Wort von Antoine des Saint-Exupéry zutrifft: „Perfektion ist nicht dann erreicht, wenn es nichts mehr hinzuzufügen gibt, sondern wenn man nichts mehr weglassen kann."

Allerdings: Wie jede Technologie hat auch diese Technik ihre Grenzen – und Meister Ruisdael zeigt sie unübersehbar auf. Gegen seine Mühle wirkt zwar die ganze Umgebung winzig, Menschen, Häuser, Landschaft, doch es gibt noch etwas Gewaltigeres auf dem Gemälde: Alles wird überspannt von einem drohenden Wolkenhimmel, aus dem jeden Augenblick ein Sturm losbrechen könnte. Werden die (zart gemalten) Flügel dem standhalten können? Sieht man im Geiste nicht schon die filigranen Holzlatten splittern? Der Mensch vermag die Natur vielleicht zu nutzen, beherrschen kann er sie jedoch nie – das ist die Botschaft hinter vielen Landschaftsbildern aus dieser Zeit, ein Technik-Risikobewusstsein, das bei den heutigen Global Playern des Internets leider deutlich geringer ausgeprägt ist. Ebenfalls auf dem Bild zu sehen ist die andere große Idee der Windnutzung, die ebenfalls die Welt veränderte: das Segeln.

Bernoulli – oder: Was eine Yacht mit einem Jumbo und einem Duschvorhang verbindet

Warum segelt eine Yacht? Warum fliegt ein Flugzeug? Falls Sie Besitzer eines Duschvorhangs sind, kennen Sie den Grund aus eigener Erfahrung – und Sie hassen ihn mit ziemlicher Sicherheit. Gemeint ist der Bernoulli-Effekt. Er ist nicht ganz unkompliziert, verkürzt gesagt: Luft, die beschleunigt wird, erzeugt einen Unterdruck – und dahin wird ein Gegenstand gesogen. Beim Flugzeug sieht das so aus, dass bei ausreichender Geschwindigkeit, bedingt durch den tropfenförmigen Querschnitt der Tragflächen, die Luft oben herum den längeren Weg über die Wölbung nehmen muss, dadurch zusammengepresst und beschleunigt wird und schneller strömt als die Luft, die den

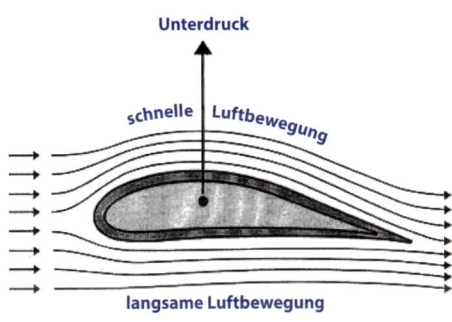

kürzeren Weg über die gerade Flügelunterseite nimmt. Oben entsteht damit ein Unterdruck, der die Tragfläche – und damit den ganzen Flieger – nach oben zieht.

Dieses Prinzip wird auch beim modernen Segeln genutzt. Voraussetzung ist, dass das Schiff „schratgetakelt" ist, also mit Segeln ausgestattet ist, die parallel zur Längsachse stehen. Hier wird die Luft auf der windabgewandten Seite des Segels stärker beschleunigt als die auf der Vorderseite – auf der Hinterseite entsteht ein Unterdruck. Damit wird das Schiff zunächst in Richtung Unterdruck gesogen, doch eine Vielzahl von Faktoren – zum Beispiel der tiefe Kiel oder das in Gegenrichtung

nennt man dieses Prinzip, möglichst viel Wind von hinten einzufangen und in Vorwärtsbewegung umzusetzen. Kompliziert wurde es aber dann, wenn der Wind von vorne kam.

Während moderne Yachten bis zu 30° an den Wind gehen können, konnten Rahsegler wie die Rickmer Rickmers, die als Museumsschiff im Hamburger Hafen liegt, nur 70–75° zum Wind laufen, das heißt: Wenn dort, wo der Wind herkommt, „0" ist, dann ist der gesamte rot schraffierte Bereich für einen Rahsegler nicht direkt erreichbar, was vor allem dann richtig blöd war, wenn man genau dahin musste.

Das gibt eine Vorstellung davon, wie aufwändig das Segeln früher noch war: Quälend lange Zickzackfahrten gehörten ebenso zum Seglerleben wie tagelanges Warten auf den richtigen Wind – Geduld war eine der wichtigsten seemännischen Tugenden.

Bei der modernen Schrattakelung wird das Schiff also nicht mehr vom Wind geschoben, sondern vom Unterdruck nach vorne „gesaugt".

eingeschlagene Ruder – verhindern, dass der Bootskörper querab getrieben, sondern vielmehr schräg vorne gedrückt wird.

In der Schiffsgeneration davor war das noch komplizierter. Da verließ man sich nur auf den Winddruck selbst und folgte damit der Vorstellung, dass der Wind einen Gegenstand vor sich hertreibt. Dementsprechend waren die Schiffe gebaut: Die Segel standen quer zur Längsrichtung – Rahsegler

Die beiden Skizzen zeigen den Unterschied zwischen alter (links) und neuer (rechts) Segeltechnik: Die Punkte im hellblauen Bereich können Segler nicht erreichen – man sieht: moderne Yachten können deutlich höher an den Wind gehen als die alten Rahsegler.

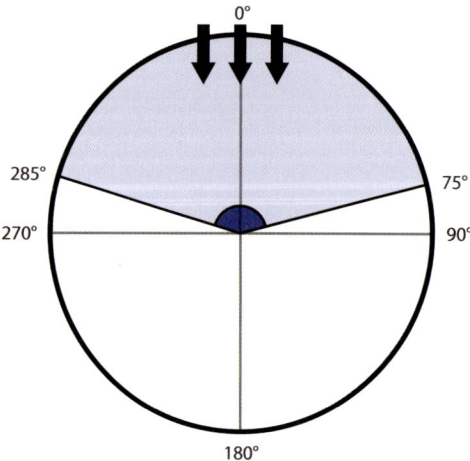

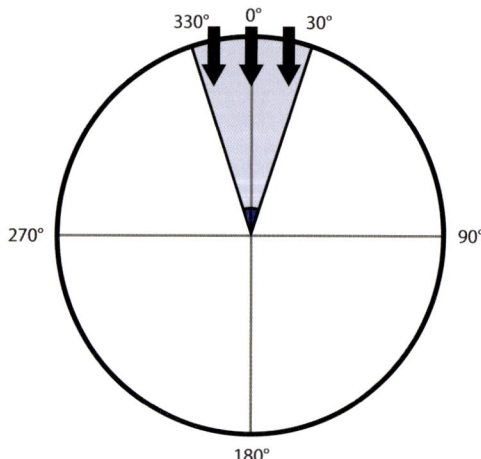

Was Wind mit uns macht

Deshalb gehörte auch der Nordostpassat vor der Küste Afrikas mit zu den liebsten Winden der alten Seefahrer: ein über große Zeiträume hinweg äußerst konstanter Wind, der die behäbigen Rahsegler von schräg hinten Richtung Mittelamerika schob. Hervorragend nachvollziehen lässt sich diese Konstanz ober- und unterhalb des Äquators auf www.earth.nullschool.net, eine tolle Internetseite, auf der man das weltweite Windgeschehen aktuell verfolgen kann.

Zurück zu den Flugzeugen und modernen Yachten: Was haben die nun mit dem Duschvorhang zu tun? Auch da erzeugen die schnell fallenden Wassertropfen eine Luftbeschleunigung und damit den Unterdruck, den das nasskalte Plastik braucht, um in Richtung des Duschenden gesogen zu werden – wie oft wohl jeden Morgen dieser Effekt verflucht wird, der nach dem großen Schweizer Mathematiker und Physiker Daniel Bernoulli benannt ist?

Sven Plöger zeigt in der Takelage der „Rickmer Rickmers" im Hamburger Hafen, wie ein Rahsegler funktioniert. Unten: So sieht (vielleicht) die Zukunft des Segelns aus – das ganze Schiff ist jetzt ein Segel, das die Kraft des Windes nutzt.

99 Tage vor Kap Horn: Wie die „Susanna" den Horror aus Dauersturm und haushohen Brechern überlebte

Was wäre ein Buch über den Wind ohne den Mythos „Kap Horn"? Die Südspitze Chiles gilt als das gefährlichste und härteste Segelrevier der Welt: Wassertemperaturen zwischen 5 und 8 Grad, die Luft kaum wärmer, an 280 Tagen im Jahr Niederschlag, hauptsächlich Regen, ein- bis zweimal die Woche Sturm – man schätzt, dass diese Bedingungen rund 10 000 Seeleuten das Leben kosteten.

Der Grund für dieses scheußliche Dauerwetter liegt in dem Umstand, dass Südamerika viel weiter in Richtung Antarktis ragt als etwa Afrika. Während das südafrikanische Kap der Guten Hoffnung noch vom warmen Agulhasstrom umspült wird, steckt der südamerikanische Kontinent seine Nase weit hinein in den antarktischen Zirkumpolarstrom, das stärkste Strömungssystem der Weltmeere, das riesige Mengen eiskaltes Wasser von Westen heranführt. Damit liegt Kap Horn auch weit drin im südlichen Westwindgürtel, an dem die Winde weit weniger von Landmassen gebremst oder abgelenkt werden als auf dem vergleichbaren Breitengrad der Nordhalbkugel – und dementsprechend stärker sind sie.

Fazit: Sowohl Wasser als auch Luft drängen dort unten mit großer Vehemenz von West nach Ost. Besonders unangenehm ist das für Segler, die in der Gegenrichtung unterwegs sind. Vor der Eröffnung des Panamakanals war das Business as usual für Segelschiffe, die auf dem Weg von Europa zu den Salpeterhäfen an der Westküste Chiles waren oder – noch viel weiter oben – nach Los Angeles oder San Francisco. Bei guten Bedingungen schaffte man es in 100 Tagen nach Chile, bis zu fünf Monaten konnte es dauern, bis Kalifornien erreicht war.

Für die Männer an Bord war das – bei einer Monatsheuer von 65 Mark – eine einzige Strapaze: „Übergewaltig die Forderung an die Mannschaft des Seglers hinsichtlich körperlicher Kraftanstrengung bei kaum oder sehr wenig Schlaf, mit zerschundenen Fäusten durch das ewige Salzwasser,

Betrunkener Steuermann? Nein, die Reise der „Susanna" war ein Horrortrip durch ein Vierteljahr voller Stürme.

Der Dreimaster „Susanna" war vor dem Ersten Weltkrieg zwischen Europa und Chile unterwegs.

bei den dauernden Anstrengungen der Hände beim Segelbergen, beim Reffen, beim Holen an den Tauenden, bei feuchter oder nasser Bekleidung, bei zumeist niederen Luft- und Wassertemperaturen, bei schmaler Kost (weil man im Sturm nicht kochen konnte), beim Donnern der über das Deck hinwegfegenden Brechseen..." (zitiert aus: www.zeit.de/1967/06/an-der-windigsten-ecke-der-welt/komplettansicht)

Nur zur Einordnung: Diese Beschreibung einer Kap-Horn-Passage Anfang des 20. Jahrhunderts stammt von Kapitän Hans Blöss, einem waschechten norddeutschen Seebären, also einer Spezies, die eher durch kühle Wortkargheit als durch fantasiereiche Übertreibung auffällt. Sie ahnen damit, wie viel der Begriff „Windjammer-Romantik" mit dem gemein hatte, was die Schiffsbesatzungen da unten vor der Südspitze Amerikas erwartete: Nichts!

Und wie das damals an Bord eines Großseglers so war, das führt einem besonders drastisch eine Geschichte vor Augen: Die der längsten Kap-Horn-Umrundung aller Zeiten. Dieser Lorbeerkranz gebührt der „Susanna": Sage und schreibe 99 Tage lang brauchte der Hamburger Dreimaster im Jahr 1905 – eine Story, bei der sich einem die Haare sträuben.

Zunächst zwei Fakten zum Verständnis. Erstens: Eine Kap-Horn-Umrundung wird gemessen ab dem Überqueren des 50. Breitengrads vor der Ostküste Südamerikas etwa auf Höhe der Falkland Inseln und am Wiedererreichen des 50. Breitengrads vor der Westküste. Zweitens: In der zweiten Hälfte des 19. Jahrhunderts wurden die Besatzungen der deutschen Handels-, Personen- oder Kriegsschiffe verpflichtet, meteorologische Journale zu führen, Tagebücher, in denen mehrmals pro Tag die meteorologischen Daten eingetragen werden mussten: Wetter, Luftdruck, Temperatur, Windstärke … Viele dieser Journale liegen in den Archiven des Hamburger Seewetteramts, darunter auch das Buch der „Susanna" – ein Dokument des maritimen Grauens.

Die Story beginnt im Frühsommer 1905. Die „Susanna", rund 81 Meter lang, 25 Mann Besatzung, hat im walisischen Port Talbot Kohle gebunkert. Ziel ist das chilenische Iquique, wo die Kohle gelöscht und das Schiff mit einer Substanz beladen werden soll, die damals für Europa mit Gold nicht aufzuwiegen ist: Salpeter aus der Atacamawüste, einer der wichtigsten Grundstoffe für Kunstdünger einerseits und Schießpulver andererseits – also sowohl für „Brot" als auch für „Tod"…

Am 11. Juni mit Einsetzen der Ebbe gibt Kapitän Christian Jürgens den Befehl zum Ablegen. Die Bedingungen, die er in seinem meteorologischen Journal festhält, sind gut: Mäßige Brise, das heißt: 4 Beaufort, rund 30 km/h Wind, für einen Segler dieser Größe bedeutet das ein unaufgeregtes Vorankommen.

Zunächst geht es 13 000 Kilometer lang nach Süden, erst aus dem Westwindgürtel hinaus und in die Zone des Nordost-Passats hinein, dann muss – vor der Küste Brasiliens – die langweiligste Passage bewältigt werden, die der windarmen Kalmen, das sind die Breitengrade unter- und oberhalb

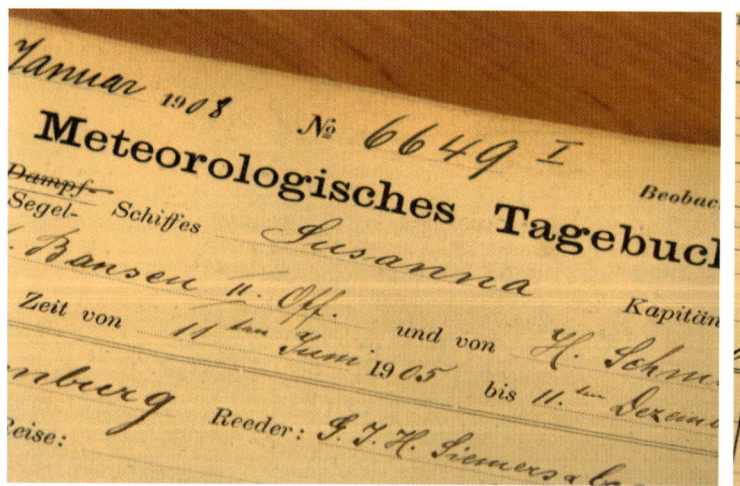

Als man „Brise" noch mit „ie" schrieb: das meteorologische Tagebuch der „Susanna" aus dem Jahr 1905.

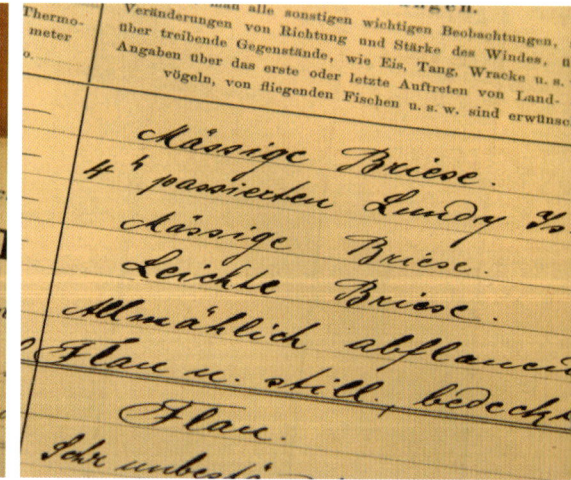

Die Besatzung der „Susanna": Hier ahnte noch keiner etwas von dem Höllentrip, der auf sie wartete.

des Äquators, in der nördliche und südliche Winde aufeinanderprallen und sich gegenseitig aufheben. Danach geht es in umgekehrter Reihenfolge weiter: südlicher Passatgürtel, südliche Westwindzone und am 19. August überquert die „Susanna" den 50. Breitengrad. Was keiner an Bord weiß: Sie segeln in eine Wetterlage hinein, die man später den „Katastrophenwinter 1905" nennen wird – „Winter" deshalb, weil auf der Südhalbkugel die Jahreszeiten spiegelverkehrt sind. Und „Katastrophe", weil es vor Kap Horn in diesem Jahr unverhältnismäßig oft und stark stürmt, immer wieder kommt die „Susanna" gegen die gewaltigen Böen nicht an, wird zurückgetrieben und muss – sobald der Wind gerade mal ein bisschen nachlässt – einen neuen Anlauf starten, nur um mit der nächsten Sturmfront erneut zurückversetzt zu werden. Das ist der Stoff, aus dem der Rekord der „Susanna" ist: 99 Tage lang wird sie brauchen, um auf der anderen Seite Südamerikas den 50. Breitengrad wieder zu erreichen – und von diesen 99 Tagen werden 80 Sturmtage mit 10 Beaufort und mehr sein, immer wieder verzeichnet das Tagebuch tagelang 11 oder 12 Beaufort.

Um sich die Wucht dieser Stürme vorstellen zu können, genügt ein kurzer Blick in die Beschreibung in der offiziellen Windtabelle. Bei 11 Beaufort (103–117 km/h) steht dort: „Heftige Böen, schwere Sturmschäden, schwere Schäden an Wäldern, Dächer werden abgedeckt, Autos werden aus der Spur geworfen, dicke Mauern werden beschädigt, Gehen ist unmöglich, brüllende See, Wasser wird waagerecht weggeweht, starke Sichtverminderung." Bei 12 Beaufort (mehr als 118 km/h, jetzt spricht man von „Orkan") heißt es: „Schwerste Sturmschäden und Verwüstungen, See vollkommen weiß, Luft mit Schaum und Gischt gefüllt, keine Sicht mehr, Wellenhöhe über 16 Meter."

Die „Susanna" im Dauersturm vor Kap Horn – aus der Sicht des Heidenheimer Malers Matthias Wunsch.

Was das für ein Schiff ohne Motor bedeutet, das sich nur durch geschicktes Setzen von Segeln gegen solche Verhältnisse behaupten kann, das lässt sich nur schwer in Worte fassen. Der Heidenheimer Maler Matthias Wunsch hat es versucht, im Bild auszudrücken.

Was man sieht: Der 80 Meter lange und tonnenschwere Dreimaster wirkt wie ein Spielball der Naturgewalten, viele Segel sind zerfetzt, ein Brecher nach dem anderen rollt über das Schiff, die Schräglage macht das Steuern oder Arbeiten an Bord nahezu unmöglich … Und dann im Hintergrund drohend die schroffen Felsen der südchilenischen Küste. Wer segelt, weiß: nicht mal mehr eine Stunde und das Schiff wird unweigerlich zerschellen! Wie um alles in der Welt kann es die Besatzung schaffen, in dieser Hölle aus Sturm und Gischt das Schiff zu drehen und aus der Gefahrenzone herauszusegeln?

Nun, sie schafften es – immer und immer wieder. Und man muss sich das laut vorsagen, um es in aller Konsequenz zu begreifen: Über drei Monate, ein geschlagenes Vierteljahr lang wird diese Besatzung, wie man heute sagen würde: 24/7 von Orkanen und mietshaushohen Wellen durchgerüttelt, Tag und Nacht, bei eisigen Temperaturen. Stellen Sie sich nur mal vor, bei solchen Verhältnissen zum Segel bergen oder setzen hoch in die Rahen geschickt zu werden …

Doch die Geschichte geht gut aus. Am 189. Tag ihrer Horrorreise, am 17. Dezember 1905, erreicht die völlig zerzauste „Susanna" die Bucht des chilenischen Caleta Buena und geht dort vor Anker. Der Rekord – längste Kap-Horn-Umrundung aller Zeiten – ist sicher keiner zum Feiern, die Leistung des Kapitäns dagegen schon: Er hat es geschafft, alle seine Männer ans Ziel zu bringen, keiner ist in den fürchterlichen Stürmen über Bord gegangen oder schwer verletzt worden. Und so erreicht sieben Tage vor Weihnachten 25 Familien eine Nachricht, auf die sie nicht mehr zu hoffen gewagt hatten: dass der Sohn, Mann oder Vater noch am Leben ist.

Die Sturmfahrt der „Susanna" ist eine der letzten großen Stories der Großseglerepoche, danach geht es schnell. Vor allem ein Ereignis ist es, das den Windjammern den Todesstoß versetzt: Die Entwicklung des Haber-Bosch-Verfahrens. Die Ammoniakanalyse der beiden deutschen Wissenschaftler machte den Import von Salpeter schlagartig überflüssig – sowohl Kunstdünger als auch Schießpulver ließen sich jetzt wesentlich günstiger chemisch herstellen. Der Salpetertransport war aber die einzige Domäne gewesen, auf der sich die Lastensegler noch gegen die Konkurrenz der schnelleren Motorschiffe behauptet hatten. Ein Segler nach dem anderen musste deshalb aus dem Betrieb genommen werden, nur noch ganz vereinzelt fuhren sie danach über die Meere, wie zum Beispiel die „Pamir". Als der Viermaster aber 1957 in einem Hurrikan sank und 80 der 86 Besatzungsmitglieder mit in die Tiefe riss, da begann eine Sicherheitsdiskussion, die die Zeit der Frachtsegler endgültig beendete.

Und auch für die Kap-Hoorniers, die legendären Kap-Horn-Umrunder, tickte zur Zeit des Susanna-Törns bereits die Uhr. Als am 15. August 1914 der Panamakanal eröffnet wurde, musste kein Schiff mehr den gewaltigen und risikoreichen Umweg über das Kap nehmen, um auf die andere Seite Amerikas zu kommen. Dass dieses Ereignis nicht wie ein Weltwunder gefeiert wurde, lag nur daran, dass da bereits deutsche Truppen das Nachbarland Belgien überfallen hatten und den Vormarsch auf Paris planten – der Erste Weltkrieg hatte atemberaubend schnell Fahrt aufgenommen. Und danach war sowieso nichts mehr, wie es vorher gewesen war.

Das Ziel: Caleta Buena in Chile, eigentlich in knapp 100 Tagen erreichbar – die „Susanna" brauchte dafür fast doppelt so lange.

Wie Malerplane, Paketschnur und Packband halfen, die Antarktis zu bezwingen

Besuch bei einem Windpapst: Wolf Beringer zeigt, wie er in den 1970er-Jahren seinen ersten „Parawing" baute – aus Malerplane, Paketschnur und Packband.

Jeder, der als Kind mal einen Drachen steigen ließ, kennt das Gefühl, wenn eine Böe sich über die Schnur überträgt und einen zwei, drei Schritte nach vorne reißt. Vielleicht war es ein solches Erlebnis, weshalb sich mehrere Kids in mehreren Teilen der Welt dieselbe Frage stellten: Lässt sich diese Kraft nicht clever nutzen?

Einer, den diese Frage nicht los ließ, war Wolf Beringer aus Lorch, einem Städtchen am Fuß der Schwäbischen Alb. Der angehende Lehrer an einer Sprachheilschule nutzte jede Minute seiner Freizeit für den Wind.

Anfang der 1970er-Jahre las er in einer Zeitschrift einen aufregenden Artikel: Ein Amerikaner hatte

Zwei Frühwerke des Lehrers aus dem baden-württembergischen Lorch: Ein Flugdrachen (oben) und ein Windsurfer (unten) – beide aus dem Billigmaterial, das Beringer als armer Student im Malergeschäft kaufte.

ein Segel auf ein Surfbrett gestellt und sich das als „Windsurfer" patentieren lassen. „Ich hatte einfach nicht die Geduld zu warten, bis das nach Deutschland kam", erzählt er. Also baute er es selbst. Das Problem: Beringer war damals ein armer Student und konnte sich die teuren Materialien, vor allem beim Segel, nicht leisten. So probierte er mehrere billige Materialien aus – und wurde fündig. Ausgerechnet Malerplane erwies sich als reißfest genug für seine Experimente, in der Folge bestanden noch die Materialien „Paketschnur" und „Packband" den Beringerschen Low-budget-Test.

So konnten immer mehr süddeutsche Baggerseebesucher von dem ungewöhnlichen Erlebnis berichten, dass da ein Mensch mit einem merkwürdigen, selbstgebastelten Gefährt übers Wasser gebrettert war – und wie.

Aus den obengenannten Materialien entstand auch seine wichtigste Erfindung: die Parawings. Die Idee: Ein großer, hoch oben in der Luft schwebender Drachen, zieht seinen Besitzer vorwärts. Das Problem, das er lösen musste, war die Lenkung – schließlich wollte er ja nicht unbedingt immer dahin, wo der Wind gerade hin blies. Über ein cleveres System von Leinen, die alle an einem langen Stab endeten, konnte Beringer den Drachen drehen und lenken, wie er es brauchte. Und er fand auch eine Größe, die die Schirme so gutmütig machte, dass man eben nicht bei jeder Böe ins Strauchein kam.

Obwohl der Parawing aus Malerplane, Paketschnur und Packband hervorragend funktionierte, stieg Beringer nach und nach auf professionelle Materialien wie zum Beispiel Fallschirmseide um.

Als er mal wieder bei einem Windfestival seine

Einige Jahre später: Wolf Beringer hat auf Profimaterialien umgestellt. Jetzt wurden Reinhold Messner und Arved Fuchs auf ihn aufmerksam – Beringers Schirme ermöglichten den beiden ihre Antarktisdurchquerung (unten).

Entwicklung vorführte, wurde er von einem Mann beobachtet, der schlagartig begriff, dass diese Parawings der Schlüssel sein könnten, um das letzte große Abenteuer zu bewältigen, das den Menschen noch geblieben war: die Durchquerung der Antarktis zu Fuß.

Was für eine Herausforderung – die Antarktis ist 14 Millionen Quadratkilometer groß, das ist eineinhalbmal Europa. Nur: Der Jahresdurchschnitt bei den Temperaturen liegt bei –55 °C. Die Antarktis ist ein Kontinent mit extrem hoher Windbelastung; so verzeichnet zum Beispiel die Region King-George/Victoria-Land 340 Sturmtage im Jahr, im Extremfall mit Böen von bis zu 300 km/h.

Und da mitten durch zu Fuß? Der Mann, der dieses im Sinn hatte, war der Abenteurer Arved Fuchs. Zusammen mit Bergsteigerlegende Reinhold Messner wollte er die Durchquerung angehen. Ein hochriskantes Unternehmen, weil der antarktische Sommer nur ein äußerst kurzes Zeitfenster bietet: 120 Tage Zeit hat man maximal für die 2800 Kilometer quer durch, das sind pro Tag rund 23 Kilometer Wegstrecke, die zu einem großen Teil über unwegsames Gelände wie Gebirgszüge, Gletscher mit tiefen Spalten und aufgeworfenen Eisblöcken führt. Wer hier zu lange braucht und das Zeitfenster überschreitet, kommt in den Polarwinter, so wie 1912 die Expedition um Robert Falcon Scott, die auf dem Rückweg vom Südpol von einem Schneesturm in den nächsten geriet, wobei nach und nach jeder der fünf Männer den Kältetod starb, der letzte nur 20 Kilometer von einem rettenden Zwischendepot im Ross-Schelfeis entfernt.

Das Kalkül von Fuchs: Wenn man in dem Teil der Antarktis, in dem weite, ebene Schneefelder vorherrschten, solche Segel einsetzen würde, könnte man die Tagesstrecke um ein Vielfaches steigern. Dann wäre die Durchquerung in 90 Tagen zu schaffen, rechnete er.

Und so kam es, dass Messner und Fuchs sich von Beringer mit je zwei Parawings ausrüsten ließen, einem kleineren für starken und einem größeren für schwachen Wind. Im Herbst 1988 gab es ein Trainingslager für die beiden auf der Schwäbischen Alb.

Am 13. November 1989 landeten die beiden am Rand des Festlandsockels am Weddellmeer. Die Route sollte über die Thielberge zunächst zum Südpol führen, dann weiter über den Beardmore-Gletscher und das Ross-Schelfeis bis zur McMurdo-bucht.

Der Letzte, der versucht hatte, die Antarktis zu Fuß zu durchqueren, war 1914 die englische Forscherlegende Ernest Shackleton gewesen. Doch er war mit seiner „Endurance" schon in der Anfahrt im Wedellmeer steckengeblieben, die Mannschaft musste überwintern, bevor im Oktober 1915 die „Endurance" dem Druck des Eises nicht mehr standhielt und zersplitterte, spektakulär vom Bordfotografen im Film festgehalten und auf YouTube (z. B. unter youtube.com/watch?v=

Reinhold Messner (links oben) und Wolf Beringer (rechts oben und links Mitte) beim Parawing-Test: Die Fotos zeigen, welche Geschwindigkeit die Schirme erreichen können – ideal für die gewaltigen Tagesetappen in der Antarktis (unten).

qj0fAYiY09A) anzusehen. Erst im August 1916, nach einer unglaublichen Rettungsaktion wurde die Mannschaft aus dem ewigen Eis befreit und in ein Europa zurückgebracht, das bereits im dritten Kriegsjahr war. Auch die als großes Medienspektakel geplante Durchquerung von Messner und Fuchs wurde von der Weltpolitik nahezu verschluckt: Während sie sich auf der mühevollen Anreise zu ihrem Startpunkt befanden, war in Berlin gerade die Mauer gefallen.

Für Messner und Fuchs lief es am Anfang ebenfalls nicht gut. Sie hatten fast pausenlos Gegenwind, konnten also ihre Schirme nicht nutzen und brauchten für die erste Hälfte länger als geplant: Nach 48 Tagen, am 31. Dezember 1989, kamen sie am Südpol an. Drei Tage Pause, dann, am 3. Januar, zogen sie weiter. Zum Vergleich: Robert Scott hatte den Südpol an einem 18. Januar erreicht – er war damit lediglich 15 Tage später dran als die beiden. Das hieß aber: Messner und Fuchs befanden sich in einem ähnlich gefährlichen Zeitfenster wie die Engländer. Die waren 1912 von der anderen Seite, der McMurdobucht gekommen und mussten auch wieder dorthin zurück. Damit verlief die zweite Etappe von Messner und Fuchs auf der Todesroute von Scott. Und: Auch bei ihnen begann die Uhr zu ticken. Denn auch sie gerieten in die beginnenden Winterstürme, die sie manchmal 24 Stunden ins Zelt zwangen, weil sie sonst dem gefährlichen Windchill ausgesetzt gewesen wären.

Windchill bedeutet: Je stärker der Wind ist, umso kälter empfinden wir die Lufttemperatur. Diesen Faktor kann man mit einer mathematischen Formel ausrechnen. Ein Beispiel: Eine Lufttemperatur von 0 Grad empfinden wir bei einer Windgeschwindigkeit von 20 km/h wie −10 °C, bei 40 km/h schon wie −16 °C und bei einem kräftigen Sturm mit 80 km/h, das ist Windstärke 9, kühlt man so aus, als würden −20 °C herrschen. Nun waren die beiden aber nicht bei 0 °C, sondern bei Temperaturen um −25 °C unterwegs. Das heißt: Bei dem 80 km/h-Sturm würde sich die gefühlte Temperatur bei −60 °C einpendeln. Das überlebt ein Mensch vielleicht eine Stunde, ab Minute 30 setzen bereits die ersten Erfrierungen ein. Doch Messner und Fuchs hatten mehr Glück als Scott, weil die Stürme noch nicht die Stärke erreichten und auch nicht so häufig auftraten wie auf der Schicksalsexpedition von 1912. Und sie hatten die Parawings von Wolf Beringer. So beschwerlich auch diese zweite Etappe war, weil zum Beispiel die breiten Spalten des mächtigen Beardmore-Gletschers sie zu kilometerlangen Umwegen zwangen, so hatten sie doch mehrere Segeltage, an denen sie bis zu 100 Kilometer zurücklegen konnten, also das Drei- bis Vierfache ihres Tagessolls. Nur diesen Schirmen hatten sie es also zu verdanken, dass sie noch im Rahmen des Sommer-Zeitfensters, am 12. Februar, dem 92. Tag ihrer Reise, die McMurdo-Station erreichten, wo ein Schiff auf sie wartete.

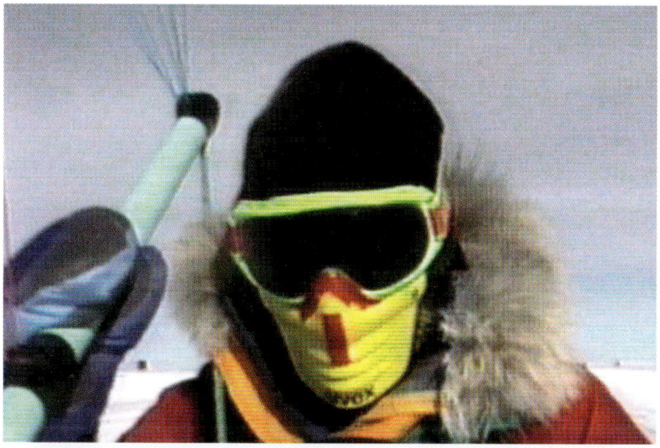

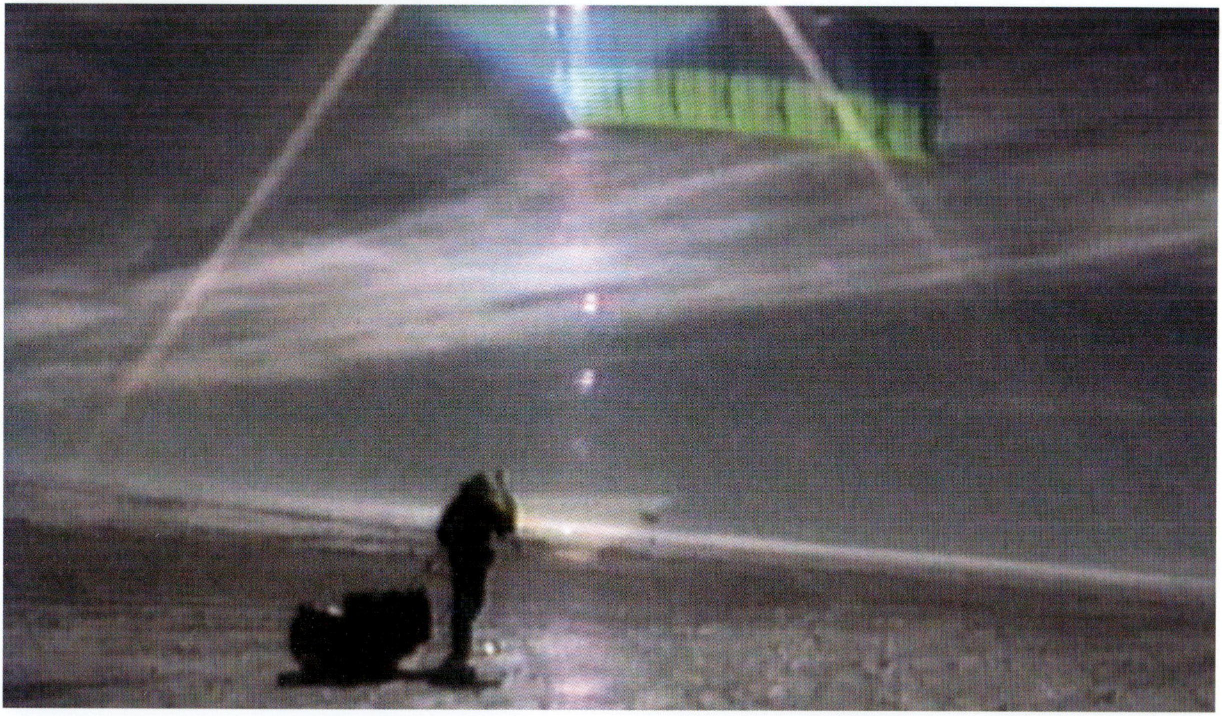

Britischer Bomber auf dem Weg nach Nazi-Deutschland: Die Royal Air Force und die US-Air Force flogen weit über eine Million Einsätze.

„Feuersturm": Wie im Sommer 1943 ein neuer Begriff entsteht

Kaum eine deutsche Stadt entging dem Inferno aus Tages- und Nachtangriffen.

27. Juli 1943, 23:40 Uhr. In der Hamburger Innenstadt heulen die Sirenen – wieder einmal. Über 140 Mal ist die Hafenstadt, Sitz einer Hauptwerft für Hitlers Kriegsflotte, bereits angegriffen worden, zuletzt vor drei Tagen. Da hatte es Harvestehude, St. Pauli, Eimsbüttel und Altona getroffen: 350 000 Brandbomben waren auf die vier Stadtteile heruntergeregnet, 1500 Tote, Tausende Verletzte und Obdachlose sind die schreckliche Bilanz dieses Angriffs – geht es noch schlimmer?

Ja! Am Ende dieser nächsten Schreckensnacht vom 27. zum 28. Juli werden 30 000 Hamburger, in der Hauptsache Frauen und Kinder, tot sein, verbrannt, verglüht, durch Rauchgase vergiftet – „Operation Gomorrha" nennen die Alliierten diese Angriffswelle. Die Hamburger spüren es schon seit Längerem, dass sich etwas verändert hatte. Waren es früher hauptsächlich die Industriegebiete am Hafen, die von den Angriffen betroffen waren, rückten jetzt immer stärker die Wohngebiete in das Fadenkreuz vor allem der britischen Bomberverbände.

 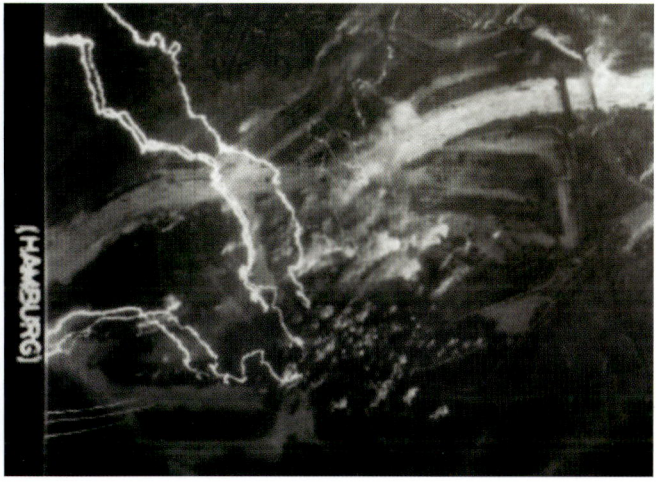

"Moral Bombing" heißt diese neue Strategie, nach der nicht mehr nur die Industrieanlagen des Feindes zerstört werden sollen, sondern – viel effizienter – die Moral der deutschen Bevölkerung und Soldaten. Dass dieser Strategiewechsel mit erschreckender Effizienz aufging, hatte eine Ursache: die genaue Kenntnis über Entstehung und Wirkungsweise von Wind.

Ortswechsel: Dugway, Utah, rund 100 Kilometer südwestlich von Salt Lake City. Hier liegt ein geheimes Testgelände der US-Army, der Dugway Proving Ground. Im Frühjahr 1943 hatten Wissenschaftler eine Reihe von Häusern bauen lassen, die wie deutsche Mietskasernen aussahen, Name: German Village. Alles in diesen Häusern – Dachstühle, Keller, Treppenhäuser – glich exakt den deutschen Vorbildern, bis hin zu den Wohnungseinrichtungen mit Dielenböden, Plüschsofas, Doppelbetten mit Paradekissen, Gardinen plus geblümten Vorhängen. Hintergrund der akribischen Kopierarbeit: Man wollte wissen, wie man diesen Konstruktions- und Materialmix am besten zum Brennen bringt.

Ein Haus in Flammen zu setzen, war aber nur der erste Schritt: Der nächste war, die Voraussetzungen dafür zu schaffen, dass sich viele kleine Brände zu einem einzigen großen schließen konnten – und zwar bevor die deutsche Feuerwehr eingreifen konnte. Am Ende der wissenschaftlichen Testreihe stand eine völlig neue Strategie des Luftkrieges,

Operation Gomorrha – Hamburg geht unter: Fotos vom ersten Angriff der Royal Air Force in der Nacht vom 24. auf den 25. Juli 1943.

Links: Erfolgskontrolle aus der Luft: Das brennende Hamburg aus der Sicht eines alliierten Piloten.

Rechts:
Entsetzen am Boden: Hamburger vor den Resten dessen, was einmal ihre Stadt gewesen war.

Das Forschungsziel der Wissenschaftler: Herauszufinden, wie man diesen Materialmix in deutschen Häusern am besten zum Brennen kriegt.

die mit eiskalter Präzision eine deutsche Stadt nach der anderen in Schutt und Asche versinken lassen würde.

Und so liefen diese Angriffe ab: Den Anfang machte eine Welle von Kampfflugzeugen, die Sprengbomben über dem Zielgebiet abwarfen, mit der Absicht, die Dächer der Häuser zu knacken, bevor eine zweite Welle tonnenweise Brandbomben in die nun offen liegenden Dachstühle warf. Eine dritte Welle – meist wieder mit Sprengbomben – zwang die örtlichen Feuerwehren dazu, in ihren Bunkern zu bleiben, während in den Straßenzügen draußen das teuflische Kalkül aufging. Tausende kleiner Brände sprangen von einem Haus zum nächsten über und schlossen sich nach und nach zu einem gigantischen Brandherd zusammen.

Und jetzt ging das Inferno erst richtig los: Das Feuer fraß jeglichen Sauerstoff weg und saugte neuen von außen an – dies mit einer solchen Gewalt, dass die nachströmende Luft Orkanstärke erreichte. Brüllend jagten Feuerwalzen durch ganze Stadtviertel, wer jetzt draußen auf der Straße war, wurde ins Feuer hineingezogen oder verbrannte in der bis zu 800 Grad heißen Luft. Auch die Menschen in den Bunkern und Kellern hatten kaum eine Chance, weil ihnen der Sauerstoff zum Atmen ausging oder giftige Brandgase hereinströmten. Nach den Angriffen auf Hamburg wird dieser fürchterliche Effekt einen Namen haben: „Feuersturm".

Als in Hamburg am 27. Juli um 23:40 Luftalarm gegeben wird, trennen die Stadt gerade noch zwei Stunden von diesem Szenario. 739 Bomber sind auf dem Weg an die Elbe, gegen 1:05 Uhr beginnt das Bombardement – diesmal liegt die Stadtmitte im Zentrum der Angriffe. Und es läuft ganz nach Plan: Zunächst reißen 1500 Tonnen Sprengbomben riesige Löcher in die Dachlandschaft, danach regnen Zehntausende Brandbomben auf die schutzlose Stadt hinunter, kurze Zeit später ist Hamburg ein geschlossenes Flammenmeer.

Noch tagelang werden die Rauchwolken die Sonne verdunkeln und wer die Bilder nach den Schreckensnächten der „Operation Gomorrha" sieht, kann sich kaum vorstellen, dass hier jemals wieder eine blühende Stadt stehen würde. Der Feuersturm hatte dafür gesorgt, dass man in der Innenstadt kilometerweit gehen konnte, ohne auf ein einziges unzerstörtes Haus zu treffen, insgesamt 34 000 Menschen haben in dieser Trümmerwüste ihr Leben verloren – auch das ist „Wind", nur eben in einer seiner schlimmsten Erscheinungsformen.

Auf diesem Testgelände wurde die „Feuersturm"-Strategie entwickelt: Der Dugway Proving Ground in Utah mit seinem „German Village". Häuser, die innen die Bedingungen in deutschen Mietskasernen simulieren sollten, bis hin zu Treppenhäusern und Wohnzimmereinrichtungen.

Die meisten sehen hier die Beine der Monroe, Stadtplaner jedoch ein architektonisches Problem: Wo Röcke so nach oben fliegen, ist stets ein hohes Gebäude in der Nähe.

Wind und Architektur: Ja, Böenwalzen können sexy sein!

Wind und Architektur, bei diesem Thema bietet sich nicht nur die Chance zu einem erotischen Einstieg, nein, er drängt sich geradezu auf. Denn es gibt wohl nicht viele Menschen, die die weltberühmte Filmszene nicht kennen, in der Amerikas größtes Sexsymbol 1955 eine Komplettansicht ihrer momentan getragenen Garderobe bietet: High Heels, ein seidenes Neckholderkleid und – ebenso blütenweiß – ein Slip, sonst nix.

„Das verflixte 7. Jahr" hieß der Streifen, in dem Marilyn Monroe, auf einem Abluftgitter der New Yorker U-Bahn stehend, ihre nach oben wehenden Rocksäume festzuhalten versucht – mit nur mäßigem Erfolg.

Offenbar regte diese Szene die erotische Fantasie einer ganzen Männergeneration so stark an, dass selbst in staubtrockensten Wissenschaftlerkreisen eine erfrischende Laxheit Einzug hielt. Wie ist es sonst zu erklären, dass der amerikanische Forscher Richard A. Parmelee mit „Monroe-Effekt" ein Phänomen benannte, bei dem der Wind nicht – wie noch bei der Namensgeberin – aus einem Schacht von unten, sondern vom Dach herkommt? Schnurzegal, wo die Bezeichnung doch so griffig und schließlich zumindest das Resultat identisch ist. Um den „Monroe-Effekt" am eigenen Leib zu verspüren, muss man nicht nach Manhattan fahren; eine Kathedrale oder ein Büroturm in Ihrer Umgebung tut's auch. Da in höheren Luftschichten der Wind stärker ist, kommt es an hohen Gebäuden zu folgendem Effekt: Der Wind, der dort oben gegen die Fassade prallt, wird erst nach unten ab- und dann, nach Erreichen des Straßenniveaus, ein weiteres Mal umgelenkt – jetzt nach oben. Diese Böenwalzen führen dazu, dass Röcke, Mäntel oder Schirme plötzlich Windschübe von unten erhalten – mit dem bekannten Ergebnis.

Dieser Abwind ist nur eine von mehreren Windbewegungen, die durch dichte Bebauung entstehen können. Andere Varianten sind zum Beispiel der Düseneffekt, bei dem der Wind durch enge Straßenschluchten beschleunigt wird, oder der Lee-Effekt, Verwirbelungen auf der windabgewandten Seite von Gebäuden – kurz: Städte erzeugen ihr eigenes Windsystem.

Um herauszufinden, nach welchen Kriterien sie dies tun, stellt Bernd Leitl sie in einen Windkanal, als Modell. Der Meteorologe an der Uni Hamburg simuliert dort bestimmte Windlagen und beobachtet, wie sie durch die Bebauung in Richtung und Stärke verändert werden. Ein Beispiel: Trifft Wind auf ein Haus, wird er an der Dachkante verstärkt. Nun, das weiß auch jeder Zimmermann, nur: nach dem Haus kommt das nächste, dann das übernächste, und alle sind unterschiedlich hoch oder breit – man kann sich gut vorstellen, dass der Wind hinter einem solchen Hindernisparcours nicht mehr derselbe ist wie davor.

Ein ganzes Stadtviertel im Windkanal: Mit Laserstrahlen und Theaternebel macht Professor Bernd Leitl deutlich, wie die Bebauung den Wind verändert.

Als wir Professor Bernd Leitl besuchten, hatte er gerade Hamburgs HafenCity im Windkanal maßstabsgerecht aufgebaut, um anhand dieses Modells zu erforschen, wie sich die Windverhältnisse in dem neuen Stadtviertel durch die geplante Bebauung ändern würden. Um die entstehenden Verwirbelungen sichtbar zu machen, lässt Leitl die Turbine anlaufen und schickt dabei – parallel zur Windrichtung – Laserstrahlen durch und über das Modell. Der dritte Schritt ist der optisch spektakulärste: Theaternebel wird in das Szenario gepumpt. An den Stellen, wo er auf die Laserstrahlen trifft, entsteht eine lebhafte, tiefgrüne Wand voller Verwirbelungen. Deutlich sieht man, wo der Wind in seiner Bahn abgebremst, beschleunigt oder abgelenkt wurde: „Wind ist eine der bestimmenden Größen in der Stadtklimatologie", sagt Leitl.

Die Erforschung des Windverhaltens in bebautem Gebiet ist für Städteplaner in den letzten Jahren immer interessanter geworden. Es geht da um die unterschiedlichsten Dinge: Ob der geplante Ort für ein Straßencafé vielleicht doch nicht der richtige ist, weil es dort zu zugig ist, wie in Großstädten an Sommertagen heiße Luft abtransportiert und frische zugeführt wird oder – im Fall eines Gefahrgutunfalls – welchen Weg wohl eine giftige Wolke bei bestimmten Windverhältnissen nimmt.

Und dann simuliert Leitl noch mit wenigen Handgriffen den Monroe-Effekt. Er stellt mehrere ähnlich große Klötze so zusammen, dass sie wie Häuser links und rechts einer Straße wirken. Im Lasernebel sieht man, wie der Wind ziemlich ungestört durch die harmonische Bebauung fließt. Dann stellt er einen hohen Klotz, ein Hochhaus, in die Windbahn. Sofort sieht man, wie die Luft oben gegen das Gebäude prallt, nach unten abgelenkt wird und dort besagte Windwalze erzeugt – hier wären Marilyn ganz ohne U-Bahn-Schacht die Rocksäume um die Ohren geflogen.

Wirbelstürme und Tornados

Die wohl beeindruckendsten Stürme auf der Erde sind die Wirbelstürme. Nicht nur, weil sie die oft höchsten Windgeschwindigkeiten verursachen, sondern auch wegen ihres Aussehens. Wer ist nicht beeindruckt vom „Rüssel" eines Tornados? Natürlich aus ausreichendem Abstand betrachtet! Wer ist nicht beeindruckt vom Auge eines Hurrikans, wenn wir ihn abends im Wetter in den ARD-Tagesthemen in seiner ganzen Größe vom Satelliten oder der Internationalen Raumstation ISS aus zeigen? Oft bin ich beim Anblick solcher Bilder selbst sehr zwiegespalten, gibt es doch auf der einen Seite die große Ästhetik dieser Unwetter und auf der anderen ihre unglaublichen Gefahren, hauptsächlich verursacht durch den Sturm, aber auch durch ungeheuerliche Regenmengen. Spricht man von Wirbelstürmen, so muss man einige Unterscheidungen treffen. Allen gemeinsam ist nur eine vertikale Drehachse, in Entstehung und Größe sind sie jedoch sehr unterschiedlich. Da gibt es zum einen den tropischen Wirbelsturm, dessen Ausdehnung mühelos mehr als 1000 Kilometer erreichen kann und dessen Zentrum – das windschwache Auge – meist einen Durchmesser von 20 bis 50 Kilometern hat. Ganz anders der Tornado, Großtrombe genannt, dessen Rüsseldurchmesser nur 50–100 Meter beträgt und in Extremfällen bei bis zu 500 Metern liegt. In dieser Zone herrschen dann allerdings die höchsten Windgeschwindigkeiten, die auf unserem Planeten in Bodennähe überhaupt möglich sind. Neben den Großtromben gibt es noch die Kleintromben, die sogenannten Staubteufel oder Gustnados. Beginnen wir mit den tropischen Wirbelstürmen – den Hurrikans und Taifunen. Sie sind meteorologisch exakt dasselbe, der Name unterscheidet sich nur durch die Region, in der sie vorkommen. Die Stürme heißen im Nordatlantik und im Nordpazifik östlich der Datumsgrenze sowie im Südpazifik östlich des 160. östlichen Längengrades Hurrikan. Ebenso auch in der Karibik und im Golf von Mexiko. Im Nordwestpazifik westlich der Datumsgrenze sowie in Ost- und Südostasien nennt man sie Taifune. Der Australier kennt den fast belustigenden Namen „Willy-Willy" für das gleiche Phänomen. Die Windgeschwindigkeit bei einem tropischen Wirbelsturm muss mindestens Orkanstärke (12 Beaufort oder 118 Kilometer pro Stunde [km/h]) betragen. Mit der Saffir-Simpson-Skala gibt es eine fünfstufige Unterteilung nach der Heftigkeit des Sturms. Ein Hurrikan oder Taifun der Stärke 1 erreicht Windgeschwindigkeiten von 118 bis 153 km/h, einer der Stärke 5 mehr als 251 km/h. Entscheidend für die Zerstörungskraft des Windes ist der Staudruck, der quadratisch

wächst. Beispiel: Ein Wind mit 200 km/h entwickelt nicht die doppelte Kraft eines Windes von 100 km/h, sondern eben „zwei zum Quadrat", also die vierfache Zerstörungskraft; 300 km/h dann schon die neunfache und so weiter. Solche Werte werden in den stärksten Stürmen in Böen immer wieder erreicht und sie sorgen neben den Sturmschäden natürlich auch für extreme Schäden durch hohe Flutwellen, wenn sie auf Land treffen. Besonders in Erinnerung ist vielen Lesern sicher noch der Hurrikan „Irma" vom September 2017. Es war der bisher stärkste, den es draußen auf dem Atlantik gab und seine Windböen erreichten hier rund 360 km/h. Als er die Insel Barbuda auf den Kleinen Antillen verwüstete, lagen die gemessenen Windgeschwindigkeiten immer noch bei rund 300 km/h und beim Auftreffen auf Florida waren es dann 220 km/h.

Ein tropischer Wirbelsturm bezieht seine Energie aus der Feuchtigkeit und Wärme des Ozeans. Mit wenigen Ausnahmen ist für seine Entstehung eine Meeresoberflächentemperatur von rund 26 °C oder mehr notwendig. Das Ozeangebiet muss dabei eine große Ausdehnung haben, damit der von Beginn an wandernde Sturm sich über mehrere Tage von einer sogenannten tropischen Depression bis zu einem Hurrikan entwickeln kann. Damit das gelingt, ist ein weiterer Faktor von Bedeutung: Die sogenannte vertikale Windscherung muss gering sein. Was bedeutet das?

Sturmtief Irma in der Phase der höchsten Intensität am 6. September 2017 um 17:45 Uhr.

Die Änderung der Windrichtung und der Windgeschwindigkeit mit der Höhe darf nicht zu groß sein, denn sonst geht es dem Kamin des entstehenden Hurrikans, den wir auf dem Satellitenbild als Auge wahrnehmen, an den Kragen. Er gerät dann quasi ins Schlingern und so kann sich das tropische Tief schnell auflösen, bevor ein Hurrikan entstanden ist. Man muss sich das etwa so vorstellen, als würde man mit dem Finger von einer Seite einen Kreisel anstoßen. Dieser gerät dann ebenfalls ins Straucheln und kann im Extremfall einfach umkippen – die Drehung ist beendet. Eine solche Drehung des Sturmsystems wird natürlich wieder von der Corioliskraft verursacht. Aber spannend: Ausgerechnet im Zentrum der Tropen, also nahe des Äquators, können **keine** tropischen Wirbelstürme entstehen. Hier nämlich ist die Wirkung der Corioliskraft zu schwach, da sie mit Annäherung an den Äquator mehr und mehr abnimmt, da genau dort der Wechsel von einer Ablenkung „nach rechts" zu einer Ablenkung „nach links" stattfindet (bei Überquerung von Nord nach Süd). Erst nördlich bzw. südlich vom etwa fünften bis siebten Breitengrad ist die Entwicklung tropischer Wirbelstürme möglich!

Schauen wir uns nun die Großtromben, also die Tornados an. Ein Tornado ist ein zyklostrophischer Wind. Der Begriff stammt aus dem Griechischen und heißt so viel wie Kreisdrehung (von „kyklos" = Kreis und „strophe" = Drehung). Dabei herrschen auf engstem Raum im „Rüssel" des Tornados unvorstellbar hohe Windgeschwindigkeiten von 300 bis 500 Kilometern pro Stunde. Hierbei stellt sich ein Gleichgewicht zwischen der Druckgradientkraft, die die Luft ins Zentrum zieht, und der Fliehkraft (Zentrifugalkraft) ein, die stets nach außen wirkt. Die Corioliskraft ist hierbei zu vernachlässigen, sodass sich ein Tornado theoretisch in beide Richtungen drehen kann – gegen den Uhrzeigersinn oder mit ihm. Voraussetzung für die Entstehung eines Tornados sind eine hohe Labilität, also eine starke Temperaturabnahme mit der Höhe, und ein großes Feuchteangebot in tieferen Schichten. Kurzum: unten feuchtwarm, oben trockenkalt. Dazu ist hier eine ordentliche Windscherung erforderlich., denn im Gegensatz zu Hurrikan und Taifun facht sie die Drehbewegung auf kleinem Raum in Ermangelung der Wirkung der Corioliskraft erst an.

Meistens verbinden wir Tornados mit schweren Gewittern, bei denen es zu einem rotierenden Aufwind kommt. In solchen Fällen spricht man von einer Mesozyklone oder, übersetzt, von einem mittelgroßen Tiefdruckgebiet. Hält sich dieses mehr als eine halbe Stunde, so handelt es sich um eine

Wirbelstürme und Tornados 129

Superzelle und in solchen Gewitterclustern treten in rund 10–20 Prozent aller Fälle Tornados auf. Grund dafür ist ein starker Aufwindschlauch im Zentrum der Wolke. Ohne Windscherung würde der Niederschlag jedoch bald in den eigenen Aufwindschlauch hineinfallen und diesen absterben lassen. Mit der Windscherung wandert dieser Aufwindschlauch nun weiter und trennt die Aufwind- und Abwindgebiete in der Wolke voneinander. Dadurch kann Ersterer lange „leben", wobei natürlich ständig „neue Luft" nachströmen muss, um den „Verlust nach oben" auszugleichen. Die Luft wird also sehr schnell zur Drehachse hinbewegt, ein Prozess, der die Drehgeschwindigkeit durch den Pirouetteneffekt (immer mehr Masse gelangt zur Drehachse) ständig weiter verstärkt, bis das eingangs beschriebene Kräftegleichgewicht zwischen Druckgradientkraft und Zentrifugalkraft hergestellt ist. Den Pirouetteneffekt kennt jeder von einem Drehstuhl, vom Ballett oder dem Eiskunstlaufen. Je näher die Masse an die Drehachse herangeführt wird, was zum Beispiel beim Anziehen der Arme oder Beine auf einem sich drehenden Stuhl passiert, desto schneller wird die Drehbewegung. Grund hierfür ist die Drehimpulserhaltung.

Und jetzt wird's noch ein klein wenig komplizierter, aber das muss leider sein. So wie man in einem Buch über Raubkatzen auch erwähnen muss, dass es neben Löwen auch Tiger, Leoparden oder Luchse gibt, muss hier erwähnt werden, dass es neben den mesozyklonalen Tornados auch die nicht-mesozyklonalen gibt. Sie benötigen zwar ebenfalls eine hohe Labilität, aber sie funktionieren auch ohne schwüle Hitze und Schwergewitter und können sogar bei nur leichten Schauern und Temperaturen um die 20 °C zustande kommen. Hier verursacht eine deutliche bodennahe horizontale Windscherung, die oft bei Schauerlinien anzutreffen ist, die Drehung. Auf diese Weise können ganze Familien von Tromben entstehen, zu denen auch die Wasserhosen gehören, die nicht selten über der Nord- und vor allem der Ostsee beobachtet werden können. Der Begriff Wind- oder Wasserhose stammt übrigens vom englischen Begriff „hose", was übersetzt „Schlauch" heißt. Mit unserem Kleidungsstück hat das also nichts zu tun. Der korrekte Fachbegriff für solche Großtromben ist aber durchweg Tornado.

Zum Schluss noch schnell ein Blick auf die Staubteufel. Immer wieder kann man diese Kleintromben, die durch starke Überhitzung des Bodens entstehen, auch bei uns beobachten. Nicht selten auf Fußballplätzen oder freien Feldern, wo der sich drehende Windschlauch überhaupt erst durch

Zwei Tornados am 05. Juni 2016 in Jübeck (Schleswig-Holstein): Die Wirbelstürme entwickelten sich entlang einer Gewitterlinie, die sich westlich von Flensburg bis nach Hamburg erstreckte. Laut Polizeiangaben verursachten diese Unwetter keine Schäden.

den Staub, das Stroh oder einige aufgewirbelte leichte Gegenstände sichtbar wird. Der Durchmesser solcher Schläuche beträgt nur einige Meter und sie reichen nicht allzu hoch in die Atmosphäre. Oft sind es nur wenige Dutzend bis vielleicht ein oder zweihundert Meter. Im Unterschied zur Großtrombe, wo der „Rüssel" von oben aus der Wolke heraus nach unten wächst, entwickelt sich die Kleintrombe von unten nach oben. Bei uns halten sich Kleintromben nur wenige Sekunden bis Minuten und die Windgeschwindigkeiten verbleiben unterhalb der Orkanstärke, kleine Schäden können aber gleichwohl entstehen. Die größten und langlebigsten Staubteufel treten in Steppen- und Wüstengebieten auf und halten sich hier auch mal bis zu einer halben Stunde.
Die Essenz von der Geschichte: In unserer Wetterküche gibt es wahrlich viel Wirbel!

Ein Aufwindkraftwerk: Die Luft wird in den „Gewächshäusern" so stark aufgeheizt, dass sie nach oben durch den engen Kamin schießt und Turbinen an den Schachtwänden antreibt.

▬▬▬ Aufwindkraftwerke: Wie eine schwäbische Tugend eine Zukunftstechnologie torpedierte

Ein kurzer Schritt zurück in die handylose Steinzeit der Telekommunikation: Mussten Sie schon einmal an einem brütend heißen Sommertag in einer Telefonzelle stehen, die der Sonne schutzlos ausgesetzt war? Falls „ja": Erinnern Sie sich noch, dass es so gut wie gar nichts half, beim Telefonieren akrobatisch mit dem einen Fuß die schwere Tür offen zu halten? Genau: Die glühend heiße Luft kennt ja nur eine Richtung– nach oben. Nur: Dort saß ein stabiles Dach ...

Damit kennen Sie aus eigener Erfahrung ein hochinteressantes Prinzip der Windenergie, das nichts mit den Windrädern zu tun hat, die von den einen als die ökologische Zukunftstechnologie gepriesen und von den anderen als landschaftsverhunzende und ineffiziente Spargel geschmäht werden. Die Rede ist von Aufwindkraftwerken. Diese Art der Energiegewinnung ist schon allein deshalb hochgradig faszinierend, weil sie verknüpft ist mit einer skurrilen Geschichte, die am Ende tragische Ausmaße annahm. Doch von Anfang an.

Bei Aufwindkraftwerken sitzt da, wo bei der Telefonkabine das Dach ist, der Einlass in eine lange Betonröhre, eine Art Kamin, durch die die heiße Luft nach oben schießen und Turbinen an den Schachtwänden antreiben kann. Die Telefonzellen sind dann natürlich keine Telefonzellen, sondern riesige, gewächshausähnliche Hitzekammern. Und da es nun bei uns hier nicht jeden Tag brütend heiß ist, läge der ideale Standort einer solchen Anlage auch in einer der zahlreichen Wüsten.

Diese Technologie ist bereits seit Anfang des 20. Jahrhunderts bekannt, doch erst der Stuttgarter Architekt Jörg Schlaich machte sie zu seiner Herzenssache und entwickelte sie zur Testreife. Im Mai 1982 finanzierte das deutsche Bundesforschungsministerium eine Versuchsanlage im heißen Mazanares südlich von Madrid. Ausgelegt war die Anlage auf eine Leistung von 50 bis 100 Kilowatt, was nur ein verschwindender Bruchteil von dem ist, was ein Aufwindkraftwerk produzieren muss, um effizient zu sein.

Doch es ging ja zunächst nur darum, ob das Prinzip funktionierte. Und das Ergebnis der dreijährigen Testphase war: uneingeschränkt „Ja". Die Anlage arbeitete an 95 % der Tage optimal, an den restlichen fünf Prozent nur deshalb nicht, weil das spanische Stromnetz überlastet war und sich die Anlage deshalb selbst abgeschaltet hatte. Das Interessante an diesem Kraftwerkstyp: Die Anlage produzierte auch nachts Strom, weil der aufgeheizte Boden ja noch lange nach Sonnenuntergang seine Wärme abgibt. Das klingt natürlich charmant: Energieproduktion im Lebensrhythmus

der Menschen – viel, wenn sie wach sind und arbeiten, langsam weniger werdend, je tiefer es in die Nacht hinein geht. Das Fazit also: ein durchschlagender Erfolg! Jetzt konnte die Aufwindtechnologie eigentlich durch nichts mehr aufgehalten werden, oder?

Doch! Denn das Leben, um es mit Herbert Grönemeyer zu sagen, ist nicht fair. Dem Stuttgarter Schlaich unterlief nämlich ein verhängnisvoller Fehler, ein Fehler, wie ihn nur ein Schwabe machen kann. Da die Anlage auf eine Versuchsdauer von lediglich drei Jahren ausgelegt war, hatte man auf Korrosionsschutzmaßnahmen an den Stahlstreben, die den 194 Meter hohen Turm hielten, verzichtet. Als nun das Testende gekommen war, das Kraftwerk aber doch gerade so schön lief und ab jetzt ja kostenlos Energie produzierte, sagte sich Schlaich: „So etwas reißt man nicht einfach ab, so etwas nutzt man, so lange es geht!" Und ließ die Anlage stehen und weiterarbeiten – leider mit fatalen Folgen. Rund vier Jahre später hielt die mittlerweile angerostete Konstruktion einem mehrtägigen Orkan nicht mehr stand und wurde zerstört. Oh, hätte Schlaich sie doch nur rücksichtslos am Tag nach Testende abbauen lassen – das Aufwindkraftwerk hätte eine riesige Erfolgsgeschichte werden können. So aber war es in Fachkreisen ab sofort die Anlage, die im Testbetrieb umgefallen war – dass dies aber vier Jahre danach passiert war, interessierte keinen wirklich. Und der unglückliche Schlaich konnte sich den Mund fusselig reden: Dieses Vorurteil kriegte er nicht mehr zurückgeholt.

Dabei ist das Prinzip faszinierend – vor allem für die Wüstengebiete der Dritten Welt. Denn das Glas für die Dächer der Hitzekammern und der Beton für den Turm haben eines gemeinsam: Sie bestehen zum Großteil aus Sand – und der ist ja nun in Wüsten meist überreichlich vorhanden. Billige Baustoffe vor Ort plus zahlreiche Jobs für die einheimische Bevölkerung und dann gleich noch die Chance, das Riesenproblem Energieversorgung in den Griff bekommen, weil man sich von Erdöl oder Erdgas exportierenden Ländern unabhängig macht – smarter geht es ja wohl kaum, oder?

Darüber hinaus ist Jörg Schlaich ein weltweit tätiger und renommierter Architekt, dessen Stuttgarter Büro zum Beispiel den Auftrag erhielt, eine hochkomplexe, 135 Meter hohe Antennenkonstruktion für das Dach des New Yorker One World Trade Center, des wohl prestigeträchtigsten Wolkenkratzers der Welt, zu entwickeln. Will sagen: Dieser Mann ist in seinem Fach kein grüner Fantast, sondern ein hochgeschätzter Global Player, der oft genug bewiesen hat, dass das, was er macht, auch funktioniert.

Vor diesem Hintergrund wirkt das, was sonst eher nach Science Fiction klingen würde, plötzlich sehr realistisch: Schlaich hält bei Aufwindkraftwerken Turmhöhen von bis zu 1000 Meter für problemlos machbar. Damit würden die Anlagen in einer anderen Liga spielen: Die produzierte Energiemenge wäre dann so gewaltig, dass selbst die explodierenden Megacities der Dritten Welt ausreichend versorgt werden könnten. Und was das Architektonisch-Ästhetische angeht: In menschenleeren Wüsten würde sich wohl niemand an den Betonkolossen stören.

Kürzen wir's ab: Bis heute hat es immer wieder Überlegungen für Aufwindkraftwerke gegeben, doch alle verliefen im Sande, denn der Testturm war ja umgefallen – unter diesem Fluch steht nun eine ganze Technologie. Eine Tragödie, die ihren Ursprung in schwäbisch-sparsamem Effizienzdenken hat …

▬ Ein kurzes Nachdenken über den Begriff „Windstärke"

Bei einer internationalen Koproduktion einer Fernsehdokumentation über die Erfindung des Automobils gab es vor einigen Jahren eine interessante Diskussion. Die Frage, wer dessen Erfinder sei, beantwortete der Deutsche – natürlich! – mit „Carl Benz", der Amerikaner jedoch mit „Henry Ford". Und so argumentierte der US-Kollege: Es sei schließlich Fords Verdienst gewesen, dass er eine Erfindung von der Ebene der Einzelfertigung auf die Ebene der Massenproduktion gehoben hatte.

Diese Frage taucht immer wieder auf: Wem gebührt die Ehre, seinen Namen einer wissenschaftlichen Entdeckung zu verleihen? Dem, der die zündende Idee hatte? Oder dem, der eine Idee so weit weiterentwickelte, dass sie für jedermann nutzbar war?

Ähnlich ist es auch bei der Erforschung des Winds. Es gibt hier eine Fraktion, die der Überzeugung ist, man müsste „Es weht mit fünf Smeaton" sagen, anstatt „es weht mit fünf Beaufort", weil ihrer Ansicht nach Sir Francis Beauforts Anteil an der Messung der Windstärke lediglich ein „paste and copy" mit einigen Ergänzungen gewesen sei. Die Hauptarbeit aber habe ein anderer in der zweiten Hälfte

John Smeaton (1724–1792), der Vater der Windstärkemessung.

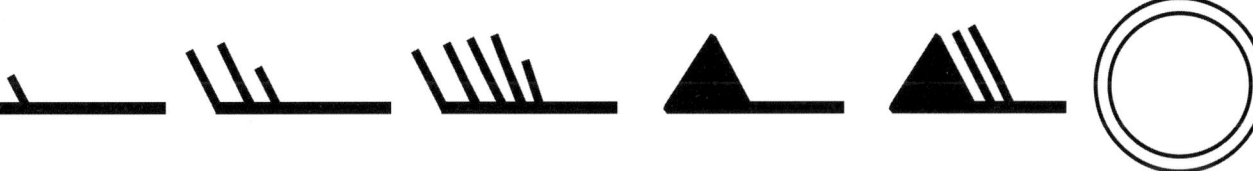

Ein kurzes Nachdenken über den Begriff „Windstärke"

Drastisch, aber einprägsam – die Beaufort-Skala als Cartoon: Ab Windstärke 5 wird es unangenehm, Windstärke 12 hatte der Tornado, der 1968 Pforzheim traf.

des 18. Jahrhunderts gemacht: John Smeaton, ein Ingenieur aus der Gegend von Leeds. Auf jeden Fall: Smeaton war ein genialer Kopf. Um seine Leistung zu begreifen, ein kleines Gedankenspiel: Stellen Sie sich vor, Sie leben in einer Zeit, in der es noch keine Windmessung gibt – eben diese wollen Sie aber entwickeln – wie gehen Sie vor?

Einfach zu sagen: „Dieser Wind ist stark", das würde wenig weiterhelfen, weil das vielleicht ein Regattasegler völlig anders sehen könnte. Auch Smeaton hatte begriffen, dass eine subjektive Beurteilung der Windstärke wenig bringen würde, er musste objektive Kriterien finden. Sein erster Schritt: Er beschrieb nicht den Wind selbst, sondern die Wirkung, die er auf Gegenstände hatte. Sein erstes Messinstrument: eine Windmühle, bei der er die Umdrehungen pro Minute zählte. Da es aber nicht überall Windmühlen gab, beschrieb er darüber hinaus die Wirkung auf Bäume oder Häuser – ab wann schlagen die Fensterläden zu, wird ein Dach abgedeckt, kräuseln sich Blätter, brechen ganze Äste ab? Auf diese Weise entwickelte der Engländer eine elfteilige Windskala, allerdings zählte er die Windstille nicht mit – vielleicht weil er als Bewohner dieses rauen Landes diesen Zustand nicht kannte. Klangfetischisten sind jetzt möglicherweise froh, dass die Windskala nicht den Namen des nächsten Mannes trägt, der sie weiterentwickelte: Alexander Dalrymple, ein schottischer Geograph, fügte Ende

Was Wind mit uns macht

Beaufort Scale

"Over thousands of years sailors have learnt to estimate the speed of the wind just by looking about. This technique matured into what we now call the Beaufort scale. The universe tells you everything you need to know about it as long as you are prepared to watch, to listen, to smell, in short to observe"

.....Howtoons 2006

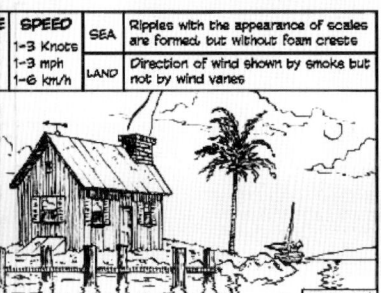
"Light Air"

"Light Breeze"

"Gentle Breeze"

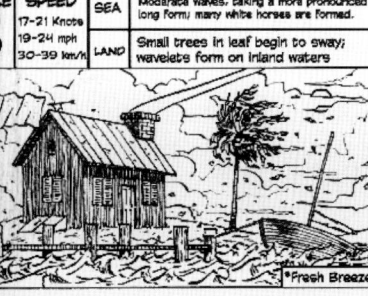
"Fresh Breeze"

"Strong Breeze"

"Near Gale"

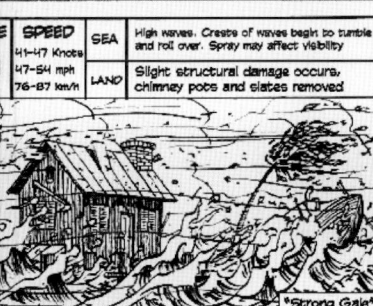
"Strong Gale"

"Storm"

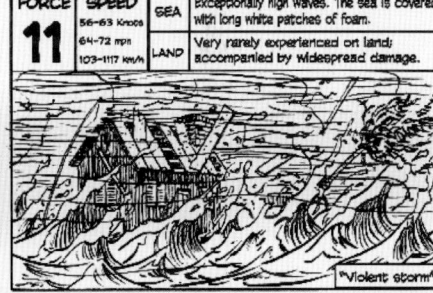
"Violent storm"

"Hurricane"

Ein kurzes Nachdenken über den Begriff „Windstärke"

Bilder wie aus einem Bürgerkriegsland: Pforzheim nach dem verheerenden Tornado vom 10. Juli 1968. Kein Einzelfall, denn rund 50 Tornados treffen Deutschland – jedes Jahr.

des 18. Jahrhunderts der Smeatonschen Skala noch eine Stelle hinzu – aber: auch bei ihm spielte die Windstille keine Rolle.

Das änderte sich erst 1832 mit dem Hydrographen der königlichen Admiralität, Sir Francis Beaufort. Erst durch ihn bekam die Skala die heute noch verwendeten 13 Grade von Null (Windstille) bis 12 (Orkan).

Noch ein weiteres Problem war im Zuge der steten Überarbeitungen gelöst worden: Dass man auf hoher See mit Beschreibungen, wie ein Wind auf Häuser oder Bäume wirkt, aus Ermangelung der beiden wenig anfangen kann. Was jetzt noch dazukam, war eine genaue Beschreibung, wie der Wind auf die Wasseroberfläche wirkt: Von 0 Bft („spiegelglatte See") über 4 Bft („kleine, länger werdende Wellen, überall Schaumköpfe"), 8 Bft („ziemlich hohe Wellenberge, deren Köpfe verweht werden, überall Schaumstreifen") bis 12 Bft („See vollkommen weiß, Luft mit Schaum und Gischt gefüllt, keine Sicht mehr").

Und spätestens seit 1848 müssen wir uns auch nicht mehr aufs Beobachten verlassen, denn da entwickelte Thomas Robinson das Anemometer, wie wir es auch heute noch kennen: Drei oder vier Halbkugelschalen drehen sich um eine senkrechte Rotorachse. Gezählt wird die Anzahl der Umdrehungen pro Zeiteinheit, daraus wird dann die Geschwindigkeit errechnet – irgendwie auch nicht viel anders als das Windmühlenprinzip von John Smeaton.

Und damit noch mal zurück zur Frage „Smeaton oder Beaufort?". Zur Ehrenrettung von Sir Francis sei gesagt, dass es nicht seine Idee war, der Windskala seinen Namen zu geben, sondern die des britischen Wetterdienstes 50 Jahre nach Beauforts Tod.

1946 wurde die Beaufortskala bei einer internationalen Meteorologenkonferenz nochmals um fünf auf 18 Stufen erweitert, die höchste war jetzt „über 202 km/h" statt davor „über 117 km/h". Die nachrückende Meteorologengeneration hielt dies jedoch wahrscheinlich für so übertrieben und so unrealistisch, dass sie 1970 wieder zum 12-stufigen System zurückkehrte. Und so hatte die „Lothar"-Orkanböe, die mit 212 km/h gemessen wurde, bevor sie die Messanlage auf dem Feldberg außer Gefecht setzte, eben Windstärke 12 statt – was richtig wäre – Windstärke 18.

Eine eigene Skala wurde für die anders gearteten Wirbelstürme geschaffen, die deutlich extremere Geschwindigkeiten erreichen. Die Fujita-Skala reicht von F0 (63–117 km/h) bis – theoretisch – F12 (über 1188 km/h), theoretisch deshalb, weil die bislang größte gemessene Geschwindigkeit eines Tornados bei 510 km/h liegt, was F5 entspricht.

Interessant ist für uns F4 (333–418 km/h), denn diese Windstärke hatten wir schon mal. Am 10. Juli 1968 fegte ein solcher F4-Tornado über Pforzheim, und wer die Bilder – Häuserfassaden ohne ein einziges intaktes Fenster, weggerissene Dachstühle,

von Alleebäumen zerquetschte Autos – sieht, denkt eher an ein Bürgerkriegsland als an einen Sturm im Schwarzwald. „Holzhäuser mit schwacher Verankerung werden verschoben, schwere Gegenstände werden zu gefährlichen Projektilen", so wird der F4 in der Fujita-Skala beschrieben.

Damit jetzt kein Missverständnis entsteht: Dies war kein Einzelfall. Im Gegenteil. Werfen Sie mal einen Blick in die „Tornadoliste Deutschland" von Thomas Sävert: 52 bestätigte Tornados gab es 2014, 38 im Jahr 2015 und 55 im Jahr 2016 – kein Zweifel: Deutschland ist Tornadoland.

Schlusswort

Sie haben in diesem Buch vieles über Wind erfahren; wie er entsteht und wie wichtig er für unser Wetter ist. Und was er anrichten kann: Hurrikan Katrina, Orkan Lothar, der Tornado von Pforzheim, das Schneechaos 1978/79, die Sturmflut 1962 – alles gigantische Katastrophen, made by Wind. Zum Abschluss möchten wir Sie noch zu einem Gang an das untere Ende der Zerstörungsskala einladen.

Im Vorwort zu unserem ersten Buch „Wo unser Wetter entsteht. Eine meteorologische Reise" (Belser Verlag, Stuttgart, 1. Auflage 2016) hatten wir die Entstehung von Wind an einem ungewöhnlichen Beispiel erklärt: an der Leiche von Ötzi, die im Südtiroler Archäologiemuseum in Bozen aufbewahrt wird. Sie liegt dort in einer Kältekammer, die aber die Präparatoren vor ein kniffliges Problem stellt. In die Wand eingelassen ist nämlich eine Panzerglasscheibe, durch die Museumsbesucher in die Kammer schauen können, die fast überall −6,5 °C kalt ist, aber eben nur „fast" überall. Denn die Scheibe erwärmt sich ständig unter den Atemstößen der vielen Hereinblickenden und wird dadurch – von innen gesehen – zu einem Wärmepol in dem Kühlraum.

Und was jetzt passiert, können Sie nach Lektüre dieses Buchs selbst entwickeln: Warm will nach kalt, es entwickelt sich ein Luftaustausch – kurz: es entsteht „Wind". Obwohl das ein Hauch weit unterhalb der Wahrnehmbarkeitsgrenze sein dürf-

Braunsbach (Landkreis Schwäbisch Hall) im Mai 2016. Das linke Foto dokumentiert eindrucksvoll, was passieren kann, wenn ein Tiefdruckgebiet „stehen bleibt" statt weiterzuziehen: Es regnet ständig in dasselbe Gebiet hinein, selbst kleinste Bäche schwellen zu reißenden Strömen an; das rechte Foto zeigt die immensen Aufräumarbeiten.

te, hat er einen gravierenden Effekt: Die ständige Zufuhr wärmerer Luft trocknet die sterblichen Überreste des Gletschermanns peu à peu aus. Und die Konservatoren tun sich schwer, diesen Effekt abzustellen. Um es überspitzt auf den Punkt zu bringen: Was die Museumsleute so unter Druck bringt, ist die Macht der Atemstöße gerade mal einiger Hundert Besucher pro Tag. Und wenn unsere Abwärme die Wissenschaft schon vor Probleme stellt, wie groß muss dann das Gefühl der Machtlosigkeit erst sein, wenn dies im großen Maßstab abläuft? Ein Beispiel? „Die Arktis erwärmt sich doppelt so schnell wie der Rest des Planeten", sagt Andreas Levermann vom renommierten Potsdam-Institut für Klimafolgenforschung. Wie das vor sich geht, haben wir kurz im Buch skizziert. Um es ins Ötzi-Bild zu übertragen: Das Nordpolgebiet ist das warme Fenster. Der Transmissionsriemen, der die Veränderungen zu uns trägt, ist der Jetstream, der sich unter diesen Bedingungen zunehmend verändert. Er wird im Mittel schwächer und damit störanfälliger. Darum schlägt er auch viel höhere Wellen, bringt schnell warme oder im Verhältnis dazu kalte Luftmassen in Regionen, in die sie früher nur selten vorgedrungen sind – und: Die Wellen bleiben immer häufiger einfach stehen. Mit der Konsequenz, dass Hochs und Tiefs eben auch immer häufiger stehen bleiben. So wie Hitzehoch Michaela 2003 oder das Tief Mitteleuropa im Frühsommer 2016. Dauerhitze und Dürre im einen Fall, Dauerregen und Überschwemmungen im anderen.

Das ist sie, im Großen und im Kleinen: die gewaltige Macht dieser Naturkraft, die wir so gerne unterschätzen und die doch imstande ist, alles zu verändern – unsere Welt und uns.

Bildnachweis

Fotografen
©Ahmadiyya Muslim Jamaat, 140; ©Ait elhay ismail, 49 o. re.; ©Beringer, Wolf, 115–119; ©Ford, Alan, 26 o. re.; ©Jones, Gareth Wyn, 14 o. li., u. re., 15 o.; ©Kast, Thomas, 22 o. re. und u., 23; ©Lahcen Ahansal, 52 u. li.; ©Milan.luxembursky, 105 li.; ©Pietsch, Gerhard, 85 u., 86 o., 88; ©Wendt, Gerhardt, 86 u. li. und re., 87 u. li. und re.; ©Wunsch, Matthias, 112; ©Zecha, Christian, 2, 14 u., 15 u., 16 mi. re. und u. li., 17 o. re., 21 re., 27 u. re., 43 u., 62, 64 o., 143

Bildarchive
©Ankerherz Verlag, 100; ©DBZ, 133 o. re.; ©Deutscher Wetterdienst, 78; ©dpa, 141; ©dpa, Mary Evans Picture Library, 93; ©EOSDIS Worldview, 128; ©Henryart, 40 o. re.; ©Imagesdile, 30; ©Imperial War Museums, 121 o. li.; ©istock: rest, 54 re.; ©Kogo, 40 u. li.; ©LadeAs, 107 u. li. und u. re.; ©Le Chaînon Manquant, 28, 29; ©mainmenus, 121 o. re.; ©mauritius images / Alamy, 54 li.; ©mauritius images / Matthew Horwood, 98–99; ©NDR, 70, 75; ©Olsine, 36–37; ©picture alliance, 121 u. li.; ©picture alliance /AP Photo, Fotografin: Kerstin Joensson, 41 o. li.; ©picture alliance / dpa / dpa_web / cr_gr, 121 u. re.; ©picture alliance / dpa, Fotografin: Britta Lieske, 131; ©picture alliance / dpa, Fotograf: Christoph Dernbach, 102 o.; ©picture-alliance /dpa, Fotograf: Maxppp / Christine_Palasz, 31; ©picture alliance / Everett Collection, 20th Cent Fox / Courtesy Everett Collection, 125; ©picture alliance /Sueddeutsche Zeitung Photo, Fotografin: Alessandra Schellnegger, 41 o. re.; ©Pinterest, 10 li., 136–137; ©Rijksmuseum Amsterdam, 102 u.; ©Shutterstock, BlueOrange Studio, 8–9; ©Shutterstock, Gaudi Lab, 101; ©Shutterstock, Gerckens-Photo-Hamburg, 80–81; ©Shutterstock, Haraldmuc, 39; ©Shutterstock, Zyankario, 47; ©SWR / Martin Winkler, 24, 25, 32–35, 44–45; ©SWR, 10 re., 11–13, 16 o., mi. li. und u. re., 17 o. li., u. li. und re., 18 o. li., o. re. und u. re., 20, 21 li., 22 o. li., 26 o. li und u., 27 o. li., u. li. und re., 38, 42, 43 o. und mi., 48, 49 u., 50–51, 52 o. li., o. re. und u. re., 53, 55–57, 63 o. und li., 64 u. li. und re., 65–67, 72–73, 82–84, 85 o. und mi., 87 o., 90–92, 95–97, 105 re., 106 o., 107 o. li. und o. re., 108–111, 113–114, 126, 139; ©The Royal Society London, 135; ©US Army, 122–123; ©WDR mediagroup / MeteoGroup, 58; ©Widakora, 133 o. li., o. mi. und u.; ©Zeitfilm media GmbH: Joerg Altekruse, 63 u. re., 69

Die beiden Grafiken auf S. 106 stammen von Anne Scholl.

Die übrigen Abbildungen stammen aus den Archiven des Autors, des Verlags und aus Privatsammlungen.

Der Verlag hat sich um die Beachtung der gesetzlichen Vorschriften bezüglich des Copyrights bemüht. Wer darüber hinaus noch annimmt, Ansprüche geltend machen zu können, wird gebeten, sich an den Verlag zu wenden.

Da kommt der Wind her: Die beiden Autoren Rolf Schlenker und Sven Plöger bei Dreharbeiten an der Südwestküste Irlands.

Rolf Schlenker, Wissenschaftsjournalist im Südwestrundfunk, hat für das Erste viele aufsehenerregende Formate entwickelt, darunter TV-Dokumentationen wie „Von null auf 42 – sieben absolute Nichtläufer auf ihrem Weg zum New York-Marathon", „Steinzeit – das Experiment" oder die internationale Koproduktion „Messners Alpen". Seine Filme wurden mehrfach ausgezeichnet, für die Zeitreise „Schwarzwaldhaus 1902" wurde ihm 2003 der renommierte Grimme-Preis verliehen. Er ist überdies Autor mehrerer Sachbücher, im Belser Verlag sind „Kunst für Einsteiger", „Architektur für Einsteiger" und – gemeinsam mit Sven Plöger – der Vorgängerband „Wo unser Wetter entsteht" erschienen.
Sein besonderer Bezug zum Thema Wetter: Er ist leidenschaftlicher Segler.

Sven Plöger präsentiert seit 1999 für zahlreiche deutsche TV- und Hörfunksender den täglichen Wetterbericht und ist den Zuschauern vor allem aus dem „Wetter im Ersten" vor der Tagesschau und im Anschluss an die Tagesthemen bekannt. 2010 erhielt er auf dem Extremwetterkongress in Bremerhaven die Auszeichnung „Bester Wettermoderator Deutschlands". Der Diplommeteorologe und Klimaexperte beteiligt sich seit vielen Jahren intensiv an den Diskussionen zum Klimawandel und zur Energiewende und hat mit mehreren Büchern zum Thema neue Maßstäbe gesetzt – sowohl für die wissenschaftliche als auch für die politische Diskussion.
Sein persönlicher Bezug zum Wetter: Er ist begeisterter Segel- und Gleitschirmflieger.